죽기 전에
작은 얼굴이
소원입니다

'고미가' 30년 프로젝트 홈 셀프케어

죽기 전에
작은 얼굴이
소원입니다

고민정 지음

Castingbooks

Intro 1 마녀 이야기

거울아~ 거울아~
이 세상에서
누가 제일 예쁘니?

원장님! 원장님 실력이 아니라
고민정 에스테릭에 있는 거울이 전부 다
요술 거울이죠? 못 믿겠어요~

고객들의 말을 들으면
이건 어디서 많이 들던 말인데?
어릴 적 읽은 동화,
백설공주가 생각난다

마녀가 거울을 보며
이 세상에서 누가 가장 예쁜지 묻자

거울은 백설공주가 제일
예쁘다고 대답한다

화가 난 마녀는 독이 든 사과를
백설공주에게 먹이려 한다

어릴 적 생각엔
마녀가 참 나쁘다고만 생각했다

그런데 지금, 중년의 나이를 먹고보니
마녀의 심정을 조금은
이해할 수가 있다

나이하고 상관없이
여자는 예쁘고 싶으니까

모든 여성들의 바램이며 소원이다

아마도 세상 모든 여자들 중
가장 예쁘고 싶은 여자는
결혼을 앞둔 예비신부가 아닐까?

결혼식 날, 세상에서 가장 예쁜신부가 되기를 꿈꾸면서

백설공주에 나오는 마녀만큼이나
세상에서 내가 가장
예쁘기를 원한다

한 분야에서 전문가로 인정받기까지
27년이란 세월이 흘렀다

신부관리를 받고난 후, 오늘 거울을 들여다보니
이 세상에서 내가 가장 예쁜 신부가 되어 있다

예비신부들이 거울을 봤을 때
세상에서 가장 아름다운 모습으로
만들어주고 싶다

거울아~ 거울아~
세상에서 누가 가장 예쁘니?

그건 바로~
거울 속에 비친
세비버네요~!

고민정 에스테틱의 요술거울을
이 세상의 이 많은 예비 신부님들에게
나누어주고 싶은 바램이다

죽기 전에
작은 얼굴이
소원이었습니다

Intro 1 마녀 이야기

• • •

005

Intro 2

작은 섬 이야기

아주 작은 섬이 있었다. 많이 오래된 옛날에 아주 작은 섬이 있었다. 많이 오래된 옛날에 그 작은 섬에는 열정만 가득한 젊은 여인이 있었다. 그녀는 오늘도 정성스럽게 기도를 드린다.

"하나님, 제발 제게 능력을 주세요. 제가 사람들의 몸을 모두 읽을 수 있도록 도와주세요. 그리고 그들에게 저의 손길이 닿고 나면, 그들의 얼굴에 난 보기흉한 여드름들이 모두 없어지게 해주시고, 이 섬에 오는 모든 사람들이 날씬하고 예쁜 몸매로 살 수 있도록 해주세요."

그토록 간절하고 간절한 그 여인은 젊은 날에 여드름 때문에 고생도 많이 했고, 작은 가슴에 자신감이 없었고, 하체는 너무 비만인데다, 허리도 길고, 정말 모두가 싫어하는 체형을 가지고 있었다. 자신의 몸매도, 피부도, 다시 태어나지 않는 이상 바뀔 수 없다는 비정한 현실을 잘 알고 있었기에, 35년이란 긴 시간이 흘렀어도 그녀는 여전히 그 작은 섬에 머물러 있어야만 했다. 그 섬은 너무도 작았고, 어찌 보면 초라하기까지 하였다. 그러나 그 섬에서 사람들은 알 수 없는 신비한 마법이 일어난다고들 했다.

하루 종일 연기도 자욱하고, 비명소리가 가득하고, 고통스럽게 많이 아픈 곳. 다른 어떤 섬에서도 찾아 볼 수 없는 희한한 광경. 그 보잘 것 없고 작은 섬을 수많은 이들이 좋아하고, 또 가고 싶어 한다. 아니 좋아한다고 하기 보다는, 내 몸을 위해, 반드시 가야하는 학교처럼 모두가 한번은 다녀가길 원한다.

그녀들은 주변 사람들 모르게 '쉬쉬' 조용하고 은밀히 다녀간다. 그녀들은 이 섬을 그 누구에게도 소개해주고 싶지 않은 곳이라고 말한다. 비밀리에 나만 다녀가겠노라고.

35년 전 그녀는 참 무모한 기도를 드렸었다. 말도 안 되는 기도였었다. 그런데 그 볼품없는 여인의 기도를 들어주셨다. '오랜 시간이 지나고 나서야 그 여인의 열정에 반하셨나?' 조금은 늦은 감이 있었지만, 그래도 그 여인은 모든 걸 감사했다. 그 여인을 선택하여 주셨고, 그녀를 통해 많은 이들이 자신감과 당당함을 갖게 해주셔서.

그 여인은 남은 삶을 어떻게 살 것인지 결심했다. 그 작은 섬에 오는 모든 이에게 자신감 회복과 당당함을 줄 것이며, 많은 이들에게 선물이 되는 도구로 내 자신이 사용되기를 바랄 것이다.

"거울아~ 거울아~ 이 세상에서 누가 제일 예쁘니?"

어릴 적 읽은 동화 '백설 공주'가 생각난다. 요즘 나는 여러 고객들에게 요술거울을 가지고 있는 사람으로 조금씩 인정받고 있다.

"원장님! 이 모든 게 원장님의 실력이 아니라, 이곳에 있는 거울들이 전부 다 요술 거울인거죠?"

"이게 정말 제 얼굴인가요? 정말 못 믿겠어요."

이렇게 기뻐하는 고객들의 말을 들으며, '이건 어디서 많이 들던 말인데?'하고 다시 동화 속 이야기가 생각났다. 동화속에서 '마녀'가 거울을 보며 이 세상에서 누가 가장 예쁜지를 묻자, 요술 거울은 이 세상에서 '백설 공주'가 제일 예쁘다고 대답한다. 화가 난 '마녀'는 독이든 사과를 '백설 공주'에게 몰래 먹이려 한다. 어릴 적 어린 마음엔 그 '마녀'가 참 나쁘다고 생각했었다. 물론 지금 다시 생각해봐도 역시 그 '마녀'는 나쁜 사람이다. 이제 어느 덧 중년의 나이가 되어서 바라보니, 그 '마녀'의 심정을 조금은 이해할 수가 있었다. 여자는 나이하고 상관없이 언제나 예쁘고 싶으니까, 아니 예뻐야만 한다고 생각하니까.

아름다움은 모든 여성들의 간절한 바램이고, 간절한 소원이다. 그 중에서 특히 결혼을 앞둔 예비신부는 더할 나위 없을 것이다. 예비신부들은 세상에서 가장 예쁜 신부가 되기를 꿈꾼다. '백설 공주'에 나오는 '마녀' 만큼이나 자신이 세상에서 가장 예쁘기를 간절히 원한다.

나는 한 분야에서 전문가로 인정받기까지 35년이란 세월이 흘렀다. 모든 신부들이 현재의 모습에서 신부 관리를 받고 난 후, 요술 거울을 들여다보면, 자신이 이 세상에서 가장 예쁜 신부가 되어 있는 것을 보게 될 것이다. 내가 그 요술 거울의 주인이 되고 싶었다. 그래서 수많은 예비신부들과 소중한 우리 고객들 모두를 가장 아름다운 모습으로 만들어 주고 싶었다.

"거울아~ 거울아~ 이 세상에서 누가 제일 예쁘니?"

그건 바로 거울 속에 비추어진 자신의 모습이 될 것이다. 그 요술 거울을 이 세상의 많은 분들께 나누어 드리고 싶은 나의 간절한 바람이 있었다. 나의 어린 시절에 느꼈던 수많은 결핍들은, 오히려 지금 내게 가장 크고 감사한 선물이 되었다. 그때의 그 결핍들이 있었기에 내겐 간절한 꿈이 생겼고, 그 꿈을 가슴에 오랫동안 간직했기에, 지금의 내가 있음을 느낀다. 앞으로도 나는 내가 만나는 모든 이들에게 요술 거울을 나누어주는 사람이 되려고 한다.

Intro 3

쉬쉬하며 다니는 희한한 에스테틱

'한국 여자가 최고로 예쁘다!'라는 말은 해외를 한번이라도 나가본 사람이라면, 누구나 한 번쯤 들어보았을 것이다. 특히 다른 아시아권의 많은 나라에서 유일하게 한국으로 원정 성형수술을 하려고 휴가를 내서 온다고 하니, 세계에서 한국의 뷰티시장은 가히 압도적이다.

예전에 일본 잡지 '앙앙(an.an)'에서 '안면윤곽 4D 관리 프로그램'에 대해 인터뷰 차 촬영을 나온 적이 있었다. 촬영 중 어떤 기자가 내게 다가와 물었다.

"院長さん　今まで 何人の顔を 触りましたか?"

원장님, 지금까지 몇 명의 얼굴을 만져 보셨나요?

나는 한 번도 일일이 세어본 적이 없었던 터라, 당황해 하며 정확히는 모르겠다고 전달했다.

"それでは, 一日に 何人くらい 管理していますか

그럼 하루에 몇 명 정도 관리하세요?라고 다시 물었다.
"하루에 약 20명 정도 됩니다."라고 대답하니,
"그럼 모두 합하면 대략 21만 번 정도가 되겠네요."라고 통역사가 말해주었다.

순간 나도 내가 그렇게나 많은 사람들을 관리했다는 사실에 정말 놀랐다. 지난 35년간 수많은 사람들의 각각의 다양한 케이스들을 만났었고, 임상이 많으면 많아질수록 놀라운 결과들이 나타났다. 가끔 고객들이 써주신 후기 글을 읽어보면, 항상 그들의 간절함이 느껴졌었다. 그들에게 정말 감사하고, 고마워하고, 또 감사하고 있다. 아마도 이 맛에 내가 지금까지 열심히 일해 온 것 같다.

입소문만으로 사람들이 끊임없이 와주어서, 기존 고객들이 다시 예약하는 것이 어려워지자, 이제 자신의 가족과 아주 친한 지인에게만 소개해주고, 쉬쉬하며 다니겠다는 솔직한 심정을 토로하기도 했다. 한 번도 비용을 크게 들여 홍보한 적 없이 한길만을 묵묵히 걸어왔는데, 어느 순간 우리 샵은 각 분야의 전문가 중에서도 최고의 전문가 분들께서 쉬쉬하며 오는 희한한 에스테틱으로 불리게 되었다. 하버드 대학생, 정형외과와 성형외과 의사, 변호사 등의 최고의 전문가들과 연예인, 아나운서, 재벌 사모님 그리고 평범한 직장인들에 이르기까지 많은 분들이 그 가치를 알아주시고, 몇 십 년의 단골 고객이 되어 찾아와 주시니, 정말 감사하고 또 감사한 일이다. 우리 에스테틱을 통해 인생이 반전된 수많은 사례들을 보며 느끼는 정신적인 수입은 그 무엇과도 바꿀 수 없는 것이기에 지금도 나는 가슴 뜨겁게 열심히 내 길을 걸어가고 있다. 약 4년 전에 지난 세월들을 돌아보며 이야기 한편을 쓴 적이 있었다. 그 이야기를 꺼내어 보니, 다시금 느낀다. 나 또한 피부와 몸매 콤플렉스 때문에 맘고생하며 이 일을 시작했음을. 그리고 그 간절한 기도대로 모든 것이 이루어졌음을.

목표를 만들기 위한 방법과 기술은 오히려 단순하고 명료한 것이다. 나는 이 책에 관상학으로 본 얼굴 부위별 이미지를 가급적 다양하게 담았다. 단순히 얼굴이 예뻐지는 것을 넘어 인상이 좋아지고, 호감가고 매력 있는 얼굴로 만드는 것이 내가 지향하는 목표이기 때문이다. 관상학적으로 어떤 인상에 해당하고, 어떤 인상으로 바뀌길 원하는가를 먼저 명확하게 아는 것이 중요하다. 일전에 '관상'이라는 영화에서 나온 말이 인상 깊었다.

"이 보게, 관상가 양반, 어찌 내가 왕이 될 상인가?"

'왕이 될 관상은 정말 따로 존재하는 것일까?'
'이목구비가 완벽할수록 좋은 관상일까?'

오랜 기간 사람들의 얼굴을 반복적으로 관리하면서 그들의 인상이 점차 부드러워지고, 얼굴의 광대가 하나 둘 자리를 잡으며, 자신의 일도 잘풀리기 시작하는 사람들의 경우들을 직접 보아왔다. 얼굴의 생김은 하늘이 주는 것이지만, 관상은 어떻게든 바꿀 수 있다. 현대의학 기술을 빌리지 않아도 관상은 바꿀 수 있다. 바로 '성형 경락'을 이용하면 된다. 일명 '손기술 MSG요법'으로 얼굴을 만져 생김새를 교정하는 교정술이다. 누구나 좋은 인상이나, 사랑 받는 얼굴을 원한다. 이목구비가 또렷하고 피부에 윤기가 있는 얼굴을 원한다. '손기술 MSG요법'으로 성형수술을 하지 않고도 좋은 관상을 만들 수 있다. 안면 비대칭을 잡아줄 수 있는 것은 물론이고, 얼굴을 작게 만드는 것도 가능하다. 성형수술을 하지 않고도 충분히 만족할 만큼의 예쁜 얼굴을 만들 수 있다. 그리고 사람들의 얼굴을 만들다 보니, 더 좋은 관상으로 만들어주고 싶은 마음에 관상에 대한 공부와 연구를 병행했다.

개인적으로 좋아하는 얼굴상은 연예인 소유진 씨의 얼굴이다. 그 중에서도 광대뼈의 형태가 참 사랑스럽다. 광대뼈는 '세상을 헤쳐 나가는 힘'이라고 말한다. 광대가 유난히 크고 돌출돼 있으면, 강한 인상을 준다. 성향 상 공격적이라고도 한다. 반대로 절벽 형 광대뼈, 즉 광대뼈가 밋밋하면 '세상을 헤쳐 나가는 힘이 약하다'고 표현한다. 나는 광대뼈가 약 45도 정도 적당하게 튀어 나온 경우를 사랑스러운 광대라고 하는데, 소유진 씨의 얼굴이 딱 그 케이스에 속한다.

타고난 얼굴은 지금의 상태이고 형태이다. 그러나 생각이 바뀌면 인생이 바뀌듯이, 내가 노력만 한다면 얼굴의 형태도 충분히 바뀔 수 있다. 얼굴의 형태를 바로 잡아주는 전문가로서 관상학을 공부하고 고객들의 얼굴을 좀 더 좋은 관상으로 바꿔주다 보니, 언제나 성형수술 이상의 만족도가 나왔다. 수많은 후기들을 보면, '칼을 대지 않은 성형 수술을 한 것 같다.'라는 사람들도 있지만, 이미 광대 축소술을 하거나 양악 수술로 턱이 비뚤어져서 우리 에스테틱을 찾는 안타까운 상황도 있었다. 더욱이 요즘은 개성시대여서 똑같은 코, 비슷한 눈 모양 등의 인형 같은 얼굴보다, 개성있게 나답고 자연스러운 얼굴을 유지하며, 관리만으로 예뻐지고 싶어 하는 사람들이 점점 늘어나고 있다. 지난 35년간, 사람의 건강을 먼저 생각하는 'Hand Massage & Message'의 가치를 우선시하며, 자연 치유를 통해 머리가 맑아지며, 더 성격이 밝아지고, 인간관계 또한 원활해지는 것을 지속적으로 보아왔다.

"원장님! 지금 예뻐지면서, 몸도 좋아지고 일도 잘되고 있어요!"라며 환한 미소를 짓는 분들을 보고 있노라면, 고마움에 내 마음까지도 환해진다.

나는 도전을 좋아한다. 내가 이전에 했던 것보다 그 다음에는 더 높은 목표를 세우고 성취하는 것을 즐긴다. 그래서 한 가지 했던 도전은 2011년에는 얼굴크기 '11% 줄이기 프

로젝트!', 2012년도에는 '12% 줄이기 프로젝트!', 2014년도
에는 '14% 줄이기 프로젝트!' 까지 하다 보니, 시간이 갈수록
얼굴 크기를 더 많이 줄여야 했다.

2011년도에 방문했던 승무원 준비를 하고 있었던 그녀는
몸의 균형에 비해서 얼굴이 좀 큰 편이었다. 얼굴 때문에 상
당한 스트레스를 받고 있었던 그녀는 11% 얼굴 줄이기 프
로젝트를 보고 방문했다고 하며, 얼굴 전체 크기에서 정말
로 11%나 줄일 수 있냐며, 의심의 눈빛을 보내면서 재차 물
어왔다. 충분히 가능한 일이라고 했더니, 관리를 모두 받고도
11%가 줄지 않으면 전액 환불해주겠냐고 하는 것이다. 그 얘
기를 들은 순간 갑자기 나의 장난기가 발동했다. 그럼 총 10
번 중에서 단 3번 만에 11%가 줄면, 나머지 7회 관리는 안
받아도 괜찮은지 물으니, 그녀는 단번에 좋다고 했다. 대신
얼굴사이즈를 줄자로 재고하자고 했다. 그녀는 자신이 직접
거울을 들고, 줄자를 정확히 재는지 눈금을 속이고 있는 것
은 아닌지, 하나하나 꼼꼼히 집어 가며 확인 작업을 했다.

실제 관리시간은 포인트 관리만 10분 정도면 가능했는데,
얼굴 전체 둘레, 가로 세로 길이, 얼굴 대각선 길이, 광대 둘

레, 광대 옆선 등 줄자 재는 시간만 30분이나 걸렸다. '저분 참 까다롭다.'라는 생각이 들면서도 한편으로는 나 역시 궁금했다. '최대한 얼마만큼을 줄일 수 있을까?'라는 생각에 나 역시 줄자의 눈금을 정확히 체크했다. 1회 관리 후, 또 줄자로 재는 시간만 30분이 걸렸다. 하나하나 기록하면서 전후 수치를 비교했다. '나 역시 이런 내기는 처음 해봤으니까. 그리고 결과는?' 옆에서 지켜보고 있던 모두가 깜짝 놀랐다! 1회 만에 13% 이상의 수치가 나오는 것이 아닌가? 이렇게 하나하나 숫자를 적으면서 관리를 한 적이 없어서 나 역시 놀랐다. 난 웃으며

"고객님! 나머지 9회 관리는 안 받으셔도 되죠?"라고 물었다.

그녀는 갑자기 애교 섞인 목소리로 사정을 했다. 물론 그이후 9회 관리를 다 받고 단골 고객이 되었지만, 그 고객 덕분에 1회 관리에 13%가 줄어들 수 있다는 수치화한 것을 보니 뿌듯했다. 무엇보다도 고객의 만족도가 높고, 행복해하는 모습을 볼 때마다 큰 보람을 느낀다. 관리를 받고 변화하는 자신의 모습을 보며 모두가 입을 모아 말했다.

"원장님! 도대체 어떤 마술을 부리신거에요? 요즘은 매일 거울만 보고 싶어져요!"

고객들은 관리 시작 후 시간이 지날수록, 그 어느 때보다도 자신감 넘치는 모습으로 변모한다. 고객들은 새로 태어난 기분이라며, 나를 '마법사'라고 부르기도 한다. 그렇다. 나는 우리 고객들의 '마법사'이고 싶다. 고객들의 간절한 바람을 들어주는 마법을 실현시켜주고 싶다. 관리를 받은 이들이 마법 같다고 이야기를 하지만 사실 이것은 과학이다. 밀가루 반죽을 치대듯이, 도자기를 빚어내듯이, 얼굴의 형태를 다시 제자리로 돌려놓는 것이다. 근막의 시작점과 끝점을 정확히 알고 그곳을 풀어내는 방법이다. 기존의 경락마사지, 지방흡입, 무리한 다이어트, 약물복용 등으로 효과를 많이 보지 못한 원인은 인체의 정확한 길을 열어주지 못한 수박 겉핥기식이었기 때문이다. 고객들의 후기 글처럼 마법이라고 하는 것은 평생 경험해보지 못했던 길이 열리는 깊이를 느껴보았기 때문에 나타난 당연한 결과였다. 시작점, 끝점, 깊이, 방향을 정확히 알고 따라만 하면 누구나 자신이 만족할 만큼의 결과를 볼 수 있다.

사람의 몸 자체가 곧 자연이기에 세월 속에 쌓인 스트레스 노화로 인체 흐름의 막힘에 길을 열어주어야 탈 없이 자연스럽게 예뻐지고 본연의 모습으로 빛난다. 자신의 나이에 비해서 어려 보이는 얼굴. 나이가 들수록 더욱 어려 보이고 싶은 욕구는 모두가 동일한 것 같다. 많은 분들이 자신의 얼굴이 빠르게 바뀌는 것을 보고 놀라워했지만, 무엇보다도 좋아했던 것은 그들의 주위 사람들의 반응이었다.

"너! 요즈음 왜 이렇게 어려 보여?"
"얼굴에 뭐했지? 도대체 뭐 한 거야?"
"너! 왜 이렇게 예뻐진 거야?"

주변 사람들의 반응에 오히려 그 비결을 알려주고 싶지 않아하는 여성의 심리는 무엇일까? 그들은 자신만 알고 싶어하는 비밀의 장소로 다른 이들에게는 알려주고 싶지 않다고 했다. 사람들이 많아지면, 자신이 얼굴 관리를 더 못 받을 수도 있을 것이라는 우려도 있지만, 왜 이리 예뻐졌냐며 주위 사람들의 칭찬을 들을 때 더욱 어깨가 으쓱하며, 아무도 모르게 비밀로 간직하고 싶었다는 것이다.

어떤 30대 초반의 여성은 유난히 말도 없고 차분한 성격에 '저 모범생입니다.'라고 얼굴에 쓰여 있는 사람이었다. 그녀는 용인에서부터 강남까지 그 먼 길을 오가며 예약을 취소한 적도, 약속 시간을 늦어본 적도 한번 없이, 착실한 모범생처럼 관리를 받았다. 나중에 알고 보니, 그녀는 카이스트 출신이라고 했다. 대한민국에서 손에 꼽는 명문대에서 공부한 만큼 성실하고 똑똑했던 그녀는 자기 관리도 철저하게 했다. 많은 곳에서 경락과 디톡스 관리 등을 받아 본 그녀는 화장품도 좋다는 것은 거의 다 써 봤을 정도로 미에 대한 관심이 많았다. 제일 고민이었던 광대 때문에 찾아왔는데, 자신의 얼굴형이 바뀌고 콧대와 이마 선이 살아났다며, 자신의 얼굴이 도자기처럼 예쁘게 빚어지는 기분이라고 했다. 그리고 얼굴 속에 쌓여있던 독소가 빠져나가며, 피부도 좋아지고, 얼굴 균형이 잡히며, 자신이 어려 보인다는 이야기를 30대 초반에 들을 줄은 몰랐다며 신기해했다.

어떤 고객은 스무 살 때부터 '이십 대 후반 아니냐?'라는 소리를 들었다고 하며 평생 나이 들어 보이는 얼굴로 살아갈 꺼라 생각했는데, 20대 후반의 나이에 '스물한 살 아니냐?'는 소리를 듣는다고 행복해했다. 안면윤곽 4D관리를 받는 고객들의 공통적인 반응은 고급스럽고, 더 어려 보이는 얼굴을 갖게 되었다는 것이었다. 얼굴 라인이 정돈되면서, 묻혀 있던 눈, 코, 입이 살아나 보이고, 균형을 찾게 되니, 얼굴이 입체적으로 변해서 '너 보톡스나 필러 맞았냐?'라는 질문을 많이 받는다고 했다. 칼을 대지 않고 수술했다고 좋아하던 한 여성은 예전에 수술했던 것을 엄청 후회한다고도 했다. '원장님께서 제 얼굴을 칼을 대지 않고 수술해주셨습니다.'라는 후기 글로 안면윤곽4D 관리를 다들 꼭 받으시길 추천한다는 진심 어린 후기들을 읽고 있노라면, 아팠던 고통을 잘 참아준 고객들에게 진심으로 감사하다.

'우리가 어려 보이고 싶은 이유는 무엇일까?' 나이가 들수록 중력의 법칙에 의해 우리의 얼굴은 처질 수밖에 없다. 나이가 들어가는 것도 슬픈데, 거기에 얼굴까지 노안이 오면, 사람들은 '겉모습이라도 앳된 얼굴로 만들어야 기분이 다르다.'며 동안 얼굴이 되고 싶어 한다. 보통 동안이라고 하면, 자신의 나이보다 3살~5살 정도 어려 보이는 얼굴을 말한다. 그보다 더한 최강 동안을 위해 여러 가지 동안 시술들을 하지만, 너무 과한 시술로 인해 웃는 것이 부자연스럽거나 눈을 감을 수 없는 상태까지 얼굴을 당겨서 괴로워하는 경우도

보았다.

요즘은 개성적인 외모를 추구하는 사람들도 많지만, 대부분의 여성들은 예뻐지고 어려 보이고 싶어 한다고 나는 생각한다. 요즘은 남성분들도 여러 가지 시술들을 하지만, 그 시술들은 단지 겉모습만 해결해줄 뿐이다. 그러나 더욱 중요한 것은 그 원인을 다뤄줘야 한다는 것이다. 겉으로는 보이지 않는 뿌리와 씨앗인 그 사람의 내부가 바뀌지 않으면, 보이는 나무와 열매는 절대로 바뀔 수 없다. 그런데 대부분의 사람들은 가장 중요한, 보이지 않는 단계를 전혀 생각하지 않는다. 그래서 어떤 결과를 얻고 난 뒤에야 그것을 중요하게 생각하게 된다.

우리는 원인과 결과의 세상에서 살고 있다. 대부분의 사람들은 결과를 바꾸기 위해서 동안 시술 등으로 겉 표면을 바꾸면 될 것이라고 생각하지만, 진짜 근본 원인을 바꾸지 않으면 다시 그 문제들을 만나게 된다. 세상의 이치와 같이 얼굴에도 똑같이 적용된다. 내가 살아온 만큼, 내가 사용한 만큼 내 얼굴과 몸에 쌓여있던 독소들을 빨리 풀어주지 않으면, 그 독소가 빠져나가지 못하고 범위가 점점 넓어진다. 이것을 겉만 바꾸는 시술들로 아무리 가리려고 해도, 그 원인이 바뀌지 않으면 결과가 바뀔 수 없다는 것이 당연한 이치이다. 원인을 바꾸어주면, 모든 것이 자연스럽게 좋은 결과로 나타난다. 투명한 꿀 피부, 균형 잡힌 얼굴라인, V라인, 얼굴 축소, 동안 등 모든 것들이 자연스럽게 자리를 잡아가며 나타나는 것이 이치인 것이다. 이것은 마법이 아니라 당연한 노력의 결과이다.

사람들은 그들의 환경을 개선하려고 애를 쓴다.

하지만 그 자신을 개선하는 것에는 소극적이다.

그래서 그들은 늘 갇혀 있게 된다.

_제임스 알렌

고민정 원장의 '관리 꿀팁'

01 · 도구 선택법

셀프케어를 할 때 손으로 쉽게 할 수 없는 부분을 도구의 도움을 받아 관리를 하면 더욱 효과적으로 할 수 있다.

① 자연 친화적이면 좋다. 도자기, 돌, 나무, 금, 은 등.

② 도구의 끝이 둥글고 매끄러워 피부 표면에 강한 자극을 주지 않는 것이 좋다.

③ 너무 가볍지 않고 약간의 무게가 있는 것으로 힘들이지 않고 깊게 풀어주면 좋다.

④ 도구의 손잡이가 있어 관리 하기에 편리하면 좋다.

⑤ 세척하기가 손쉬운 것이 좋다.

⑥ 휴대하기 편하면 더 좋다.

⑦ 이 책에서는 포인트 케어 방법을 설명하면서 독자의 편의를 위해 손으로 하는 방법으로 서술했지만, 포인트 케어용 '테라 핑거'를 사용하면 셀프 케어 효과가 배가 될 수 있다.

02 · 꼬집들기

꼬집들기 = 꼬집기+들어올리기

열어준다 = '대문을 열다.'라는 생각으로

선을 이어주는 방법

풀어준다 = 뭉친 부분을 풀다

03 · 호흡법

들이마시는 숨 1 : 내쉬는 숨 2(들숨보다 날숨을 2배 길게 내쉰다.)

반드시 내쉬는 호흡에만 동작이 실행된다.

숨을 쉴 때에는 코로 숨을 들이마셨다가 입으로 내쉰다.

04 · 포인트 시작점과 끝점

'근막(근육의 겉면을 싸고 있는 막)'의 '기시점(근육이 시작되는 지점)'을 쉽게 표현하기 위해 시작점과 끝점이라고 표현했다. 가장 중요한 핵심만 정리했다.

05 · '근막' 관리의 깊이

일반 다른 관리 방법보다 깊이가 깊어 효과가 크고 즉각적이다.

Part
1

뽀족한
턱 라인 만들기

—— BEAUTY ——

Point

얼굴에서 턱의 가장 아래 부분이 심하게 뭉툭하거나,
타고난 이중 턱으로 고민하고 있는 분들을 위한 파트입니다.

뽀족한
턱 라 인
만 들 기

이 중 턱
브 이 라 인

턱의 가장 아랫 부분이 뭉툭해서
또는 **이중턱 때문에 고민인 분들을 위한**
포인트 관리 비결!

point ❶

**귀밑 흉쇄유돌근
시작점**이 포인트 관리
시작점입니다.

point ❷

쇄골 부분이
포인트 관리
끝점 입니다.

point ❸

시작점부터 끝점까지
위에서 아래 방향으로
**흉쇄유돌근을 엄지와
검지로 꼬집듯이** 잡아
들어올리며 내려갑니다.
한 방향으로만 **총 3회**
반복한 후 반대쪽도
동일하게 해 줍니다.

귀부터 쇄골까지 이어지는 흉쇄유돌근의
근막의 순환이 막히면 턱선이 더 부어보입니다.
근막을 마사지 해 주면서 자연스럽게
턱라인의 붓기를 완화해 주세요.

인스타그램 www.instagram.com/gomiga.official
유튜브 고민정 원장의 포인트 케어 클래스

뾰족한
턱 라인 만들기

얼굴에서 턱의 가장 아래 부분이 심하게 뭉툭하거나, 타고
난 이중 턱으로 고민하고 있는 분들을 위한 파트입니다. 셀
프케어의 시작점은 얼굴 귀밑에 있는 흉쇄유돌근*입니다.

시작점이나 근육 부위가 찾기 어려우면, 자신의 고개를 약
간 옆으로 돌린 후, 턱과 목의 경계선을 먼저 찾으면 쉽게 찾
을 수 있습니다. 귀의 가장 끝 부분에서 턱으로 연결 된 자리
에 두둑 올라와 있는 부위가 있습니다. 그 자리에서부터 조

목빗근. sternocleidomastoid muscle. 목 부분에 위치하며, 복장 뼈의 위 끝과
빗장뼈의 안쪽 끝에서 시작하여 귀의 뒤쪽 꼭지돌기로 비스듬히 뻗어 있는 크
고 긴 근육

금 내려와 쇄골 부분이 포인트 끝점이 됩니다. 시작점에서 엄지와 검지 두 손가락을 이용하여 근육의 형태대로 크게 꼬집어서 살짝 들어줍니다. 처음에는 가능한 근육을 크게 들어줍니다. 그리고 두 번째 부터는 처음보다 조금 더 촘촘하게 들어줍니다. 세 번째에는 가볍게 피부 표면을 얇게 들어 줍니다. 목선은 이중 턱과 아주 밀접한 관계가 있습니다. 목과 얼굴 턱의 연결된 부분의 근막을 대문을 열 듯이 활짝 열어 줍니다.

얼굴이 바뀌면 관상이 바뀐다

'얼굴은 정신의 문으로 그 초상이 된다.'라고 고대 로마의 철학자인 키케로(cicero)가 말했다. 얼굴은 그 사람의 모든 것을 파악할 수 있는 곳으로 우리의 신체 중에서도 가장 중요한 부분이다. 얼굴은 그 사람의 존재 자체를 뜻하기도 한다. 얼굴의 인상은 그 사람의 현재를 이야기할 뿐만 아니라, 그 사람이 조상으로 부터 계승한 선천적인 것이나 그 사람의 장래의 모습과 장수 여부까지도 보여준다.

'얼굴이 바뀌면 관상이 바뀔 수 있을까?' 답은 '바뀔 수 있다.'이다. 시간이 흐르고 나이를 먹어감에 따라 자신의 얼굴은 스스로 만들어 간다. 얼굴에 나타나는 품격이나 교양은 자신의 책임이다. 매일 같은 생각을 마음속에 가지고 있으면, 그에 따라 얼굴도 차츰 변하기 마련이다. 생각은 있는 그대로 얼굴 표정과 연결된다. 자신이 생각하는 바에 따라 스스로의 인상도 만들어지는 것이다.

누구나 원하는 좋은 인상이면서 사랑받는 얼굴은 두 종류로 나뉜다. 하나는 누구나 원하는 것처럼 이목구비가 또렷하고 윤기가 흐르는, 매력이 있는 얼굴이며, 다른 하나는 자신의 얼굴보다 상대방이 못생겼다고 생각해 상대적으로 우월감을 갖게 해주는 얼굴이다. 상대를 볼 때 매력을 느끼는 얼굴은 어떤 의미로는 자신과 다르게 생긴 얼굴 형태. 즉, 자신의 얼굴에 없는 특징을 가진 얼굴이거나 특별히 동경하는 얼굴형이다. 다시 말해 '매력 있다.', '사랑스럽다.'라고 느끼는 얼굴은 자신이 동경하는 얼굴 형태이거나, 혹은 오히려 자신보다 못났다는 생각에 편안함과 안정감을 주는 얼굴이라고 할 수 있다. '연애는 멋진 이성과 하고, 결혼은 안정감이 있는 이성과 한다.'는 말도 이와 연관된 말이라고 생각한다.

턱 속에 숨겨진 의미

관상학적으로 보면 턱은 인생에서 자신이 얻을 수 있는 지위를 상징한다. 턱에 살집이 발달되어 있는 사람은 정이 많다. 이상적인 것은 강한 모양을 하면서 두툼하며 이마와 같은 정도의 폭이다. 또 길지도 않고, 턱 끝에의 각은 적으면서 둥근 형태를 띠고 있는 턱이 좋다. 턱에 각이 없는 계란형의 얼굴을 가진 사람은 '자기만족형'으로 많은 노력을 하지 않아도 성공과 높은 지위를 얻는다.

둥글고 매끈한 턱 라인은 좋은 가정, 명랑한 성격으로 안정된 지위를 나타낸다. 아래턱이 긴 사람은 전반적으로 거만해 보인다. 둥근 턱은 인생 전반이 순조로운 사람으로 사려심이 깊고, 유연하여 무엇이든지 잘 받아들인다. 턱이 돌출되어 있으면 호전적으로 무엇인가를 얻기 위해 항상 싸우는 듯한 자세로 임한다. 턱이 없는 것 같은 형태는 에너지가 부족하고 모든 일에 소극적으로 대처한다고 관상학에서는 해석한다.

체중이 많이 나가지 않아도, 살이 많이 찌지 않아도, 턱이 길고 살에 묻히면 실제 모습보다 체중이 1~2kg정도는 더 나가 보이는 것을 직접 체험해 본 사람들이 있을 것이다. 반대로 체중이 빠지지 않는데도 턱을 브이라인으로 만들고 나니 날씬해 보인다고 한다. 턱 선이 살아있고 브이라인이 만들어 지면 얼굴의 전체적인 윤곽도 선명해 보이는 효과가 있다. 그렇기에 대 부분의 여성들이 브이라인을 만들어달라고 노래를 한다.

나만의 꽃길 턱 만들기 시크릿

얼굴에서 턱 라인이 가장 예쁜 연예인을 꼽으라고 하면, 필자는 망설임 없이 탤런트 '김태희'를 말한다. 우리가 텔레비전을 보면 연예인들은 대부분 턱 라인이 브이라인이고 예쁘다. 그 중에 성형수술로 예뻐진 사람도 많을 것이다. '김태희'는 성형수술과는 많이 다른 느낌의 가장 조화로운 턱을 가진 '자연 미인'이다. 물론 얼굴 전체의 균형으로만 보아도 '1:1.618'의 황금비율이다. 그러나 성형수술의 도움으로 예뻐진 턱은 어딘지 모르게 다른 느낌이 든다. 연기를 하는 연예인들은 표정이 다양해야 하는데 얼굴근육의 움직임이 부자연스럽다. 그러나 '김태희'는 늘 편안하고 자연스럽게 예쁘다. 조금의 거슬림도 없다. 완전한 브이라인 턱은 오히려 덜 예쁘고 인위적으로 보인다. '김태희'의 턱 라인은 살짝 둥글고, 살집이 도톰하게 갸름하다.

샵을 찾는 얼굴축소를 상담하는 고객들의 대부분은 예쁜 턱을 갖고 싶어 한다. 대체적으로 사각턱 이거나 턱이 넓음을 호소하며 상담한다. 성형보형물을 아래턱에 넣거나 보톡스를 맞고도 얼굴 축소가 되지 않은 부분 또는 부작용을 호소한다. 성형수술이나 보톡스, 보형물을 넣지 않은 자연의 얼굴은 관리가 수월하다. 얼굴 근육의 틀어짐은 근막관리로 가능하기 때문이다. 35년간 많은 임상을 하다 보니 턱이 틀어지거나 미운 사람들의 특징이 있다. 그런 사람들은 보통 집중하는 업무를 할 때, 이를 '앙'하고 무는 습관이 있다. 그리고 음식물을 씹을 때 유난히 한 쪽만으로 많이 씹는다. 내가 평상시에 음식물을 씹을 때 하는 습관을 먼저 체크해 보자. 어금니를 세게 꽉 물고 있는지, 좌우 균형 있게 음식을 씹는지 체크해 보자.

우선 체크해 보기 위해 윗니, 아랫니를 살짝 만나게 해보

자. 정중앙의 앞니 선을 맞추어 보자. 위의 앞니두개와 아래의 앞니두개가 중앙선이 딱 맞으면 좌우 턱의 균형은 좋은 편이다. 사각턱의 발달은 어금니 사용이다. 어금니의 사용을 좌우 균형 있게 사용하는 습관을 들이면 턱의 좌우 균형은 좋아진다. 다음은 하품하듯이 입을 크게 벌려본다. 다시 입을 다문다. '아~' 하고 하품하듯 입을 벌렸다가 다물 때 연결되는 귀와 광대와 턱의 연결이 느껴진다. 이 부분을 주먹을 쥐고 손가락과 손등의 경계선부분으로 광대와 턱을 분리시킨다는 생각으로 깊게 풀어준다. 이때 호흡은 들이마시고 내쉬는 1:2 호흡에 유의한다. 매일 3회씩만 반복하면 예쁜 턱을 가질 수 있다. 그렇다고 '김태희'처럼 예뻐지진 않겠지만, 자신의 현재의 얼굴에서 점점 더 예쁜 턱을 만들 수는 있다. 성형수술을 한 것처럼 브이라인이 되진 않지만, 최소한 자연미인으로서 예뻐지기 때문에 전문가로서 이 방법을 적극 추천한다.

아름다운 얼굴의 기준

아름다운 얼굴기준이 성형외과마다 다소 차이는 있지만,

그 기준은 별반 다르지 않다. 좁고 갸름하며 매끈한 작은 턱과 짧은 얼굴, 윤곽 수술한 티를 내고 싶지 않은 수술을 메인으로 내세운다. 타고난 얼굴형처럼 광대, 귀밑 턱, 앞턱의 부드러운 곡선을 성형으로 만들어 내려고 한다.

티 나지 않게 예쁜 얼굴을 수술로 만들어 내는 것이 요즘 트렌드의 성형수술 방식이다. 요즘은 많은 사람들이 성형을 자연스럽게 받아들인다. 살짝 손대서 성형 수술한 사실은 나만 알고 주변 사람들은 절대 눈치 채지 못하게 해야 하는 것이다. 나는 성형경락이란 방법으로 수많은 얼굴들을 만졌다. 그러다 보니, 성형 수술을 하지 않고도 충분히 만족할 만큼의 예쁜 얼굴을 만들어 주는 기술이 손끝에 터득이 되었다. 약 35년간 샵을 다녀갔던 수많은 고객들의 후기 글에서도 느껴졌다. 수술 하는 것이 무섭거나 두렵고, 수술 후에 부자연스럽거나, 수술 후의 결과가 너무 인위적이라는 이유로 샵을 방문하고 상담을 받았다. 양악수술을 하고 턱이 비뚤어져서 나를 찾는 경우도 있었다.

조금 안타까운 것은 미리 자신의 얼굴 상태를 인지하고, 성형 수술하기 전에 먼저 관리를 통해 최대한 수술하지 않는 방법으로, 얼굴 형태를 최대치의 결과로 만들면 더 좋다는 것이다. 그런 후에 성형수술을 하면 더 좋은 결과를 얻을 수 있다. 수술하지 않고도 본인의 얼굴을 관리방법 만으로도 충분히 만족하는 고객의 수가 많다.

요즘은 개성시대이어서 타인과 똑 같은 코나 비슷한 눈 모양을 선호 하지 않는다. 나를 찾는 고객들은 자연스런 얼굴을 원하고, 관리만으로 예뻐지고 싶어 하는 사람들이다. 사람마다 관리 방법은 다양하다. 얼굴근육의 형태를 바로 잡아 주는 방법이 있고, 뼈와 뼈 사이에 일그러져 있는 근막을 바로 잡아 주는 방법도 있으며, 피부 표면을 마사지하여서 뭉친 부분을 푸는 방법도 있다. 경혈자리를 자극하여 막힌 혈을 풀어주는 경락도 있다.

사람들은 건강한 몸을 만들기 위해 요가, 발레, 필라테스, 헬스 등 많은 운동을 배우고 학습한다. 예쁜 바디라인을 만들기 위해서 다양한 운동 습관들을 실천한다. 운동을 습관화하고 꾸준히 운동한 그 결과는 많은 사람들이 다 잘 알고 있다. 몸을 만드는 것은 많은 사람들이 알고 있는데, 얼굴은 대부분 방법론을 잘 알지 못한다. 보톡스, 필러, 성형수술 이거나 경락 마사지 정도가 대부분이다.

얼굴도 몸처럼 운동하는 습관을 들이면 건강해질수 있다. 나이가 들어가면서 얼굴도 아름답게 나이가 들어갈 수 있다. 예전에는 예쁜 얼굴의 기준이 비교적 정해져 있어서 얼굴크기, 황금비율, V-라인 이었다면, 현재의 젊은 세대는 그 기준이 많이 바뀌었다. 타인이 바라보는 관점이 그리 중요하지 않다. 내가 느끼는 관점으로 바뀌어졌다. 다른 사람은 턱 라인이 V 라인이 예쁘다고 하더라도, 내가 각진 턱이 개성이 있고, 좋다고 보면 그것이 가장 좋은 것이다.

거울을 보고 내가 스트레스를 받는 부분만 내 맘에 들게 만들면 된다. 얼굴에는 다양한 이름이 있다. 눈, 코, 입, 콧대, 이마, 광대, 눈썹, 미간, 턱, 입술. 얼굴에 있는 다양한 이름들처럼 그 이름 하나하나는 타고난 기능이 다 다르다. 역할이 다르다. 얼굴 운동법은 각각의 이름들이 제 역할을 충실히 해줄 수 있게 도움을 준다. 예를 들어보자. 20세에는 미각과 후각이 발달되어 있는데, 40세에는 그 기능이 20세보다는 현저히 떨어진다. 그 이유는 후각을 많이 사용해서이다. 사용만 하고 재충전은 하지 않은 것이다. 재충전의 방법을 잘 모르기 때문이다. 몸을 사용하고 나서 여러 가지 운동을 통해 몸의 근육을 강화시켜 몸을 건강하게 만드는데 얼굴은 사용하고 나서 얼굴 근육을 강화시키는 운동을 해 주지 않는다. 몸의 근육강화 스트레칭, 이완을 하는 것처럼 얼굴도 하나하나의 이름에 근육강화 ,이완을 하는 방법이 필요하다고 생각한다.

Part
2

매끈한
턱 라인 만들기

———— BEAUTY ————

이중턱, 사각턱 등 두꺼운 턱 라인 때문에
고민이 많은 분들을 위한 파트입니다.

인스타그램 www.instagram.com/gomiga.official
유튜브 고민정 원장의 포인트 케어 클래스

매끈한
턱 라인 만들기

이중 턱, 사각 턱 등 두꺼운 턱 라인 때문에 고민이 많은
분들을 위한 파트입니다. 포인트 관리의 비결 중 가장 중요
한 것은 호흡법입니다. 숨을 크게 들이마셨다가, 내쉬는 숨에
힘을 주어 포인트 자리를 관리합니다. 온 몸에서 힘을 다 뺀
상태를 만드는 것이 중요합니다.

몸 전체의 긴장이 하나도 없게 만드는 것입니다. 여기서
말하는 시작점이란 바로 출발점입니다. 쉽게 말해 대문을 먼
저 열어야 한다는 것입니다. 예를 들어 우리가 내 집에 들어
가려고 할 때에도 대문이 굳게 잠겨 있으면 결코 집안으로
들어갈 수가 없습니다. 이처럼 우리는 우리 몸의 대문을 확

실하게 열어줘야 합니다. 시작점이란 대문과 같은 역할을 합니다. 포인트의 시작점은 턱의 가장 뾰족한 부분이고, 포인트 끝점은 귀밑 옆이다.

끝점이란, 마지막 대문은 확실히 닫고 나오는 클로징을 말합니다. 시작점과 끝점은 핵심 포인트입니다. 우리가 시원한 '쮸쮸바'를 먹다가 내용물이 남으면, 그 남겨진 내용물을 모두 먹기 위해 쭉쭉 밀어서 먹는 것을 연상하면 됩니다. 시작점에서 꼬집듯이 피부를 들어 올려서 '쮸쮸바'를 짜내듯이 끝점까지 올라가면 됩니다.

기본적으로 3번 반복하는데, 처음에는 엄지와 검지 손가락으로 피부조직을 많이 잡고, 크게 꼬집는 것처럼 하고, 두 번째는 처음보다 절반정도의 양으로 꼬집듯이 하고, 세 번째는 피부 표면을 얇게 꼬집듯이 시작점에서 끝점까지 갑니다. 두툼한 턱 선의 부기가 다 빠져 나가지 않고 남아 있다고 느껴지면 시작점과 끝점만 다시 3회 정도 반복합니다.

턱은 일반적으로 얼굴의 밑 부분을 말하는데, 귀밑의 양쪽 부분, 즉 하관과 턱의 가운데 부분인 아래턱을 포함한다. 그리고 턱의 형태와 골격, 살집은 관상학적으로 보면 지구력, 포용력, 성실함, 결단력 등과 건강 운, 부동산 운, 자식 운, 46세 이후의 말년 운을 보는 자리이기도 하다. 턱은 얼굴에서 가장 아랫부분이자 마지막 관문이다. 관상학에서도 보면 말년 운을 보는 자리이다. 성격적으로 본다면 하관은 고집과 의지의 강약을 나타낸다. 얼굴의 하관이 많이 발달되면 고집이 강하고 대범하게 행동한다. 본능적으로 욕망이 강하다. 그리고 자신의 의견도 강하고, 집념 또한 강하다. 반대로 하관이 약하면 의지가 약하고 다른 사람의 의견에 영향을 많이 받는다.

좋은 턱이란, 턱의 살집이 적당히 균형 잡혀 있고, 탄력이 있으며, 얼굴의 골격이 튼튼해야 한다. 이렇게 좋은 턱을 가진 사람은 포용력이 있고, 의지가 강하다. 그리고 건강 운, 애정 운, 아랫사람 운, 자식 운, 부동산 운 등 생활이 부유하다. 반대로 좋지 않은 턱이란, 탄력이 없는 살집, 불균형한 턱을 가진 사람으로 몸이 약하고 기운이 없으며, 잔병치레를 많이 한다.

가는 턱을 갖고 있는 사람은 진실하고, 치밀한 사람을 말한다. 가는 턱은 골격이 가늘고, 피부 근육도 적으며, 얇고 뾰족한 턱이다. 이런 턱을 가진 사람은 관상학적으로 성실하며 이성적이다.

턱이 긴 사람은 서비스 정신이 강하다. 그리고 정에 약한 성향이 있다. 마음이 여려서 다른 사람들에게 잘 이용당하기도 한다.

짧은 턱을 가진 사람은 굉장히 조심성이 많다. 그래서 타인에게 의심이 많고, 이기적 성격이다. 인내력이 부족하여 싫증도 잘 내고, 실천력이 약하다.

주걱턱을 가진 사람은 정열적이며, 개성이 강하다. 의지가 강하고, 결단력, 실행력이 강하다. 또한 정력과 체력도 좋다. 어떤 일이든 일하기만 하면 반드시 성공하는 타입이다. 단점이라면 너무 솔직하여 타인을 적으로 만드는 경우가 있다.

움푹 파인 턱을 가진 사람은 걱정과 근심이 많다. 매우 소극적인 성격이다. 생활력이 약한 경향도 있다.

턱의 살집이 도톰한 사람은 결단력이 좋다. 살집이 도톰한 턱은 옆에서 보면, 뼈에 살이 탄력이 붙어 근육이 탄탄한 턱을 말한다. 애정이 풍부하고 포용력도 있어서 사람들이 잘 따른다. 그리고 부동산 운도 매우 좋다. 후손, 즉 자식, 손자들 복이 많아 노후가 행복하다.

피부 근육이 별로 없이 뼈의 형태만으로 하관이 발달한 사람은 마음 역시 비뚤어져 인간관계에서 손해를 많이 보기 쉽다. 턱의 정 중앙이 갈라진 사람은 감수성이 예민하다. 반면에 신경질적인 성격이기도 하다. 그리고 정열적이고 매사에 잘 감동한다. 집중력도 좋고 자기표현도 예술적이다.

턱이 유난히 둥근 사람은 마음이 넓고 성격이 원만하다. 대범하며 느긋하다. 항상 타인에게 신뢰를 많이 받는다. 일에도 충실하며, 자식 운이 좋다. 그래서 성격이 낙천적이라 항상 행복해 한다.

턱이 넓은 사람은 애정이 풍부하고, 포용력이 좋다. 무슨 일이든지 적극적이고 현실적이며 남성적인 성격이다. 의지가 강하며 마음이 넓다. 지도력이 있고, 성실한 성격이다. 성욕이 강하고 오만한 성향이 있다. 넓이가 좁은 턱은 생활력이 약하여 자신의 생활도 잘 책임지지 못한다. 머리는 좋은데 실천력이 약하다. 몽상가 성향이 있다.

이와 같이 관상학적으로 본 턱의 길이, 턱의 넓이, 턱의 골격형태 등을 살펴봤다면, 이제는 턱을 기능적으로 살펴보자.

턱의 기능은 얼굴 전체를 받쳐주는 역할을 한다. 상악과 하악으로 구분한다. 아래턱은 하악이라 하고, 입을 벌리는 근육으로 구성되어 있다. 위턱은 위 치아를 감싸고 있는 잇몸과 연결되어 있다. 즉 위턱과 아래턱이 만나면서 음식을 씹을 수가 있다. 상악과 하악이 바르게 만나져야 온 몸의 신체흐름이 원활해진다. 즉 위 치아와 아래 치아가 탁탁 부딪쳐야 건강해진다. 껌을 씹는 것도 도움이 된다. 단단한 견과류를 씹는 것도 도움이 된다. 너무 크게 하품을 하다 턱이 빠지는 경우도 있다. 위턱과 아래턱의 연결부위가 어긋난 것이다.

얼굴관리를 받기 위해 샵을 방문하는 대부분의 고객들은 V라인 턱을 갖고 싶어 한다. 아니 모든 고객들이 예쁜 브이라인 턱을 원한다. 피부 트러블 없이 피부근육이 탄력이 있으며, 턱의 골격이 좌우 대칭이 맞는 건강한 턱을 원한다. 관상학적으로 살펴봤지만, 나의 미래와 노후를 준비하는 마음과도 통한다.

한 고객이 턱 관절 때문에 몇 년 동안이나 고생했는데, 관리를 하고 3, 4회 만에 아픈 곳이 싸악 나아져서 기적이 일어난 줄 알았다고 했다. 턱 관리를 처음 시작할 때는 반신반의했는데, 회 차가 넘어 갈수록 눈에 띄게 변해 가는 자신의 얼굴을 보면서, 모든 것이 가능하다는 것을 믿게 되었다는 한 고객의 후기 글을 소개한다. 턱이 비대칭이라 고민이 많았던 고객은 턱 수술을 하는 것이 싫어서 샵을 방문한 고객이었다.

저는 오늘 작은 세계를 다녀갑니다. 오늘도 여러 가지 관리를 많이 받았지만, 제 인생에 이런 곳은 앞으로 다신 없을 것 같습니다. 얼굴 관리 시작하면서 예뻐졌다고 좋은 말도 많이 많이 해주시고(저희 엄마보다 더 자주해 주시는 것 같아서 좋았어요), 원장님 관리도 아팠지만, 선생님들 관리도 사실 아팠어요. 흑흑.

그래도 얼굴 관리 받고 나면, 예뻐지는 얼굴이 보이니까 욕심이 많이 나요. 예전보다 목도 길어진 것 같고, 이제 아침에 일어나면, 얼굴이 퉁퉁 붓는 게 없어진 것이 너무 좋아요. 빨리 오다리 관리도 받고 싶고, 팔뚝 살도 많은데. 흑흑. 여자라서 바쁘네요. 사각턱이 브이라인이 되고 있어요. 감동! 감동적입니다.

그녀는 여자여서 너무 바쁘다고 하소연 한다. 그러나 세상에 공짜란 없다. 우리는 예뻐지기 위해서 바빠야 한다. 예뻐져야 하는 마음도 바빠야 하고, 예뻐져야 하는 행동들도 바빠야 한다. 그것은 욕심이 아니다. 과욕이 아니다. 내가 노력해서 얻을 수 있다면, 내가 부지런해서 얻을 수 있다면, 반드시 해야 하는 가장 중요한 일이고 가장 의미있는 일이다. 샵을 방문 하는 대부분의 고객들은 욕심이 많은 분들이다. 자기 자신에 대한 욕구가 강하다. 건강하려는 의지도 강하다.
자연 미인으로 예뻐지려는 욕구도 많다. 내가 볼 때는 이정
도만 되도 많이 예뻐졌는데도, 고객들은 쉽게 만족하지 않는
다. '조금 더, 조금 더, 조금 더.' 끊임없이 노력을 한다. 수술
했던 걸 후회 한다는 고객의 후기 글이다.

안면 윤곽 4D관리 완전 대박입니다. 강력추천! 보톡스 보다
효과가 더 좋은 것 같아요. 저 수술 했던 거 엄청 후회해요.
잘 참는 만큼 효과 있어요.

오늘은 중간 상담도 해주셨는데, 도대체 제 턱이 어디로 갔
을까요? 원장님께서 관리해 주시고, 거울로 비교해 주실 때
도 정말 신기함을 느끼는데, 이렇게 제 모습을 다시 찍고 비
교해 주시는걸 보니, 더 깜짝 놀랐습니다. 하하하하! 주변에
서도 예전과 달라 보인다는 말을 제법 듣고 했는데 말이에
요. 셀카 찍을 때면 늘 신경 쓰이던 턱 라인이 이제 V 라인으
로 바뀌었습니다. 다른 관리들도 이제 욕심이 생겨요. 다리
도 받고 싶은데 큰일이에요. 아! 저 광대도 바꿔 주세요. 여

자는 역시 가꿔야 하나 봐요. 평생~

얼굴 관리 받고 있는 여대생입니다. 점점 턱 라인이 생기고, 광대가 줄어드는 것 같아요. 뭔지 모르겠지만 얼굴이 자꾸 작아지는 기분이 들어요. 남자친구가 저보다 얼굴이 너무 작아서 진짜 고민이 많았거든요. 정말 이번 관리로 엄청 작아졌으면 좋겠어요! 얼굴을 주먹보다 작게 만들어 주세요.

이 고객의 마음이 충분히 이해된다. 주먹만큼이 아닌 주먹보다 작게 만들고 싶은 마음이 가슴에 와 닿는다. 왜 하필 남자친구의 얼굴이 작아서 얼마나 스트레스를 받았을까? 그런데 주먹보다는 작게 만들어 주지는 못했다. 그것은 불가능하니까.

저는 얼굴을 받고 있습니다. "무조건! 무조건! 얼굴 작게! 작게만 해주세요."라고 부탁 하였습니다. 광대가 들어가게? V라인? 날렵한 턱선? 이런 건 두 번째였고, 정말 얼굴축소가 소원이었습니다. 정말 주먹만 한 얼굴은 아니지만, 처음 관리를 받기 전과는 정말 많이 변했습니다. 매번 손으로 얼굴을 만져보고, 항상 거울을 손에 들고 살고, 22년 동안 큰 얼굴을 가지고 지내왔는데, 딱 지금 만큼만 유지되었으면 좋겠습니다.

대한민국 청년입니다. 여기저기 관리 경험은 많은데, 이곳도 '마지막이다.'라는 생각으로 왔지 말입니다. 턱관절이 심해서, 사각턱이 심해서 알아보다가 왔는데 놀라울 따름입니다. 또 남자다 보니 이런 관리에는 여러 가지로 어려움과 불편함이 있기도 합니다. 통증도 느껴질 정도로 턱관절이 심했는데, 지금 효과 보고 있어서 정말 다행입니다. 감사합니다.

Part
3

45도
광대 만들기

BEAUTY

Point

넓고 벌어지거나 부어보이는 광대 때문에
고민이 많은 분들을 위한 파트입니다.

인스타그램 www.instagram.com/gomiga.official
유튜브 고민정 원장의 포인트 케어 클래스

45도
광대 만들기

　얼굴을 찡그리며 코를 찡긋해보세요! 코 옆으로 손에 잡히
는 부분이 있습니다. 광대뼈안쪽과 코의 바깥선이 만나는 자
리입니다. 이곳이 바로 시작점입니다. 시작점은 집의 대문이
라고 생각하시면 됩니다. 광대뼈 바깥쪽으로 광대뼈를 먼저
찾아보세요. 좀 단단하고 질긴 느낌의 살들이 느껴질 겁니다.
그곳이 바로 광대뼈 바깥쪽의 포인트 관리의 끝점입니다. 이
번에는 광대뼈의 안쪽에서 바깥쪽으로 광대뼈의 형태를 먼
저 만져 봅니다. 검지는 광대뼈위쪽으로, 엄지는 광대뼈 아래
쪽으로 두고 꼬집듯이 시작점에서 끝점까지 '쮸쮸바'를 짜내
듯이 연결하여 들어줍니다.

처음에는 크게, 많이 굵게 엄지와 검지 손가락으로 들어
주고, 두 번째는 처음보다 절반정도의 크기로 조금 촘촘하게
들어줍니다. 세 번째는 광대뼈위의 표면피부만 꼬집는 듯 피
부를 열어줍니다. 위의 순서대로 진행을 하였는데도 광대모
양을 더 작게 만들고 싶으면, 시작점과 끝점만 3회 이상 반복
합니다.

광대가 바뀌면 인생이 핀다?!

아나운서로 일하고 있다는 한 여성이 찾아왔었다. 뭔가
얼굴에 어두운 그림자가 드리워져 있어 조심스레 물으니,
다른 일에 종사하다가 뒤늦게 아나운서라는 새로운 커리어
로 전환했는데, 이 분야에서 너무나 성공하고 싶은데 쉽지
않다며, 지금의 무명생활을 벗어나고 싶다고 했다. 이목구
비는 예쁘장했는데, 얼굴이 평면적이었다. 광대도 밋밋해서
얼굴이 길어 보였다. '얼굴에서 광대가 도톰한 입체감을 원
하느냐'라고 물으니, 그녀는 바로 그렇다고 했다. 그래서 그
녀에게 생각보다 아주 많이 아플 수 있다고 했더니, 그것은
상관없다고, 더 예뻐지게만 해달라고 했다. 그래서 더욱 강

도 높게 진행된 관리를 그녀는 그 아픔에도 불구하고 다 참아냈다. 변화하고 싶다는 열정과 욕구가 더욱 컸기에 아픈 관리에도 꾸준히 오가며, 마음 또한 다지는 듯했다.

관리 회 차가 지날수록 그녀의 얼굴에 화색이 돌기 시작했다. 어느 날 그녀는 활짝 웃으며 샵에 나타나서, 자신이 앞으로 지상파 방송의 모 프로의 메인 아나운서로 발탁되었다는 기분 좋은 소식을 전해줬다. 그것은 그녀에게 작은 시작일 뿐이었다. 그녀는 이어서 다른 인기 프로들의 진행을 맡게 되며, 화제의 아나운서로 떠오르기 시작했다. 게다가 좋은 사람과 연애를 하며, 인생의 꽃이 활짝 피기 시작했다고 신기해했다. 주변에서 "너 혹시 얼굴에 뭐했어? 뭐했지?"라며 자주 물어보는데, 자기는 절대로 안 가르쳐 주고 싶다며, 자신의 예뻐진 모습에 거울을 볼 때마다 행복하다며 감사해 했다. 점점 일이 많아지고 바빠지면서 관리를 받으러 오는 횟수가 줄어들기는 했지만, '평생 몰래 다니고 싶은 곳'이라고, 평생 있어 달라는 말에 절로 웃음이 났다.

드라마 '부자의 탄생'에서 '부태희' 역을 맡은 이 시영이 큰 인기를 얻으며 '부티나 보이는 얼굴'이 많은 이들에게 각

광을 받았다. 고급스러워 보이는 얼굴을 위해서는 여러 가지 요소가 필요하다. 기본적으로 또렷한 눈매는 물론이거니와 반듯한 이마와 오똑한 콧대는 세련된 이미지를 만드는데 필수요소이다. 그러나 굳이 이목구비가 빼어나게 예쁘지도 않은데, 유독 사람들의 눈길을 끄는 외모를 가진 사람들이 있다. 도대체 왜 그럴까? 얼굴의 세련미와 고급스러움을 결정하는 것은 바로 광대뼈다. 무표정하게 거울을 보는 사람들이 가장 간과하기 쉬운 부위가 바로 광대뼈이다. 그러나 웃을 때 특히 도드라지는 광대뼈는 미소를 더욱 사랑스럽게 만들며, 얼굴을 입체적으로 만들어주어 보는 이로 하여금 품위 있어 보이는 얼굴을 만든다. 오랜 기간 사람들의 얼굴을 관리하며 인상이 부드러워지고, 광대 등이 자리를 잡으며 일에서 승승장구하기 시작하는 경우들을 보아왔다.

"얼굴 생김은 하늘이 주는 것이지만, 관상은 어떻게든 바꿀 수 있다."

타고난 얼굴은 지금의 상태이고 형태이다. 그리고 그간 사용한 만큼 얼굴에 독소가 쌓이고 잘못된 자세 등으로 인해 얼굴 형태가 틀어지거나 더 커지기도 한다. 얼굴의 형태를 바로 잡아주는 전문가로서 관상학을 공부하고, 고객들의 얼굴을 좀 더 좋은 관상으로 바꿔주다 보니, 이제는 딱 보면 '얼굴을 이렇게 바꿔주면 인생도 더욱 활짝 피겠구나!'라는 생각이 들 정도로 도사가 됐다. 이 아나운서 고객도 마찬가지였다. 예뻐지면서 일도 잘되고, 게다가 광대라인이 제대로 잡히며 얼굴 균형이 맞아가니, 인생이 더욱 꽃길로 열리니, 나로서는 이보다 더 보람되고 행복할 수 있으랴!

스트레스를 받으면 광대가 넓어진다.

이 세상에 그냥 얻어지는 것은 하나도 없다. 얼굴 형태는 오랜 습관에 의해 쌓이고 굳어져서, 나이가 들면 들수록 짧은 시간에 바꾸는 건 쉽지가 않다. 특히 광대와 광대를 따라간 머리 양쪽은 독소가 많이 쌓여 있기 때문에, 관리 강도를 높일수록 많은 고통이 따르고 아플 수 있다. 나무의 나이테를 연상해 보자. 1년에 나이테 하나가 쌓이는 것처럼, 나의 얼굴의 뭉쳐짐, 스트레스, 독소, 노폐물들이 매일매일 쌓여서 얼굴도 점점 자라나는 것이다. 점점 뭉쳐지고 굳어져가다 보니 통로가 막혀서 혈액순환은 더디어져 간다. 그것을 오늘,

내일, 모레, 하루하루 미루다 보니 점점 한 살 한 살 나이가 들게 된다.

막힌 곳에 아무리 좋은 것을 퍼부어도 그 길이 열리지 않으면, 그 좋은 것이 들어갈 자리가 없다. 사람의 얼굴도 역시 마찬가지다. 몸 전체의 순환을 위해 한 번에 깊게 시원하게 뚫어주는 방법을 이용한 근막을 풀어주는 것이 그 해답이다. 그 길을 어디인지를 알면 내가 스스로 셀프케어를 할 수 있다. 몸은 생각보다 정직하다. 몸의 주인인 내가 사용한 만큼 사용량은 현재의 내 몸과 얼굴의 상태로 나타난다. 몸과 마찬가지로 축적된 노폐물을 없애는 데에는 지난 세월만큼의 노력과 시간이 필요하다. 그렇기 때문에 건강하게 자연미를 원한다면, 샵에서 관리를 받든, 셀프로 하든, 꾸준한 관리가 필요하다. 이 책이 독자 여러분께 더욱 자연스러운 건강미를 만들어드리는데 큰 도움이 되기를 바란다.

나만의 복이 들어오는 광대 만들기 시크릿

첫 단계는 전체 라인 정리를 하는 것이다. 거울을 보고 좌우중 어디가 마음에 안 드는가? 그냥 맨손으로 했을 경우, 손톱자국으로 상처가 날수 있고, 미끄러질 수 있기 때문에 집에 있는 깨끗한 천을 대고, 꼬집듯이 들어주는 것이 좋다. 시작점과 마지막 점을 먼저 열어준다. 턱 선에서부터 귀 아래까지 '쭈쭈바'처럼 짜준다는 느낌으로 꼬집듯이 들어준다. 지금까지 쌓였던 나쁜 것들이 빠져나간다.

코에서 광대 쪽으로 가는 라인을 잡는다. 이때도 역시 시작점과 마지막 점을 먼저 열어준다. 그 길을 따라서 짜준다는 느낌으로 꼬집듯이 깊게 들어주며 길을 열어준다. 이때 코도 뻥 뚫리는 경험을 할 것이다. 깊게 잡으면 잡을수록 근막을 들어주는 것이다. 엉겨 붙어 있기 때문에 정리가 되도록 열어준다. 이렇게 짜주고 이틀 정도 지나면, 길을 열어놨기 때문에 독소가 빠져나간다. 관리를 하고 운동을 하거나 몸을 스트레칭 해주거나, 춤을 추는 등의 움직임이 많을수록 독소가 훨씬 더 잘 빠져나가기 때문에 매우 좋다.

Men's Health Cool Guy 대회 대상 수상을 하다!

몇년 전에 '방송국 앵커의 꿈'을 가지고 운동을 시작했다는 남성 한분이 찾아왔었다. 그는 운동으로 몸이 단단했고, 자기관리를 철저히 하는 강단 있어 보이는 남성이었다. 작년 여름 학군 'ROTC'로 군 복무를 마치고, 목표의식을 가지기 위해 '2013 맨즈 헬스 쿨가이' 대회 준비를 하는 중이라고 했다. 대회 준비를 위해 사진 촬영과 영상 촬영에서 자신을 모니터링 하다 보니, 얼굴의 길이가 길고 좌우가 비대칭이라는 사실이 확연히 보였다며, 고민 끝에 지인의 소개로 찾아왔다고 했다. 자신의 가장 큰 콤플렉스는 긴 얼굴 이라며 정말 줄여주실 수 있냐며, 중요한 대회에서 꼭 좋은 결과를 내고 싶다고 도와달라고 했다. 그가 쓴 후기 글을 공유한다.

"체계적인 진단과 원장님의 시원시원한 처방이 좋았습니다. 원장님께서 긴 얼굴을 줄여주실 수 있다는 말씀에 처음에는 반신반의 하는 마음으로 일단 침대에 누웠었습니다. 와우! 이런 관리가 처음이라서 그런지. 얼굴에 말 40마리가 밟고 지나가는 줄 알았던 정신없던 관리였습니다! 얼굴 반쪽을 먼저 해주시고, 제게 거울을 보여주셨는데, 얼굴의 좌우 모양이 다르더라고요.

경락 마사지는 많이 들어봤지만, '뼈와 혈액의 흐름 재배치'라는 획기적인 말씀을 하셨고, 저는 받는 내내 굉장한 아픔은 있었지만, 시시각각 변해가는 얼굴에 감탄하지 않을 수 없었습니다. 하루하루 저의 인상은 동안이 되고, 제 부족한 부분은 채워지고, 불필요한 부분은 없어지는 게 눈에 확실히 띄었습니다. 그 결과 혈색은 좋아지고, 대회 날, 저는 덕분에 '대상'이라는 쾌거를 달성했고, 사람들에게 '성형'했냐는 소리를 들을 정도였습니다.

저의 다음 목표는 방송 3사 앵커입니다! 원장님께 지속적인 관리로 쾌거를 이룰 것입니다. 마이다스의 손을 가지고 계신 원장님 정말 감사합니다!

Part
4

날렵하게 뻗은
콧대 만들기

BEAUTY

Point

광대와 코의 연결되는 부위가 부어서
얼굴이 평면적으로 보여서 고민하고 있는 분들을 위한 파트입니다.

인스타그램 www.instagram.com/gomiga.official
유튜브 고민정 원장의 포인트 케어 클래스

날렵하게 뻗은
콧대 만들기

콧방울(코끝의 좌우 양쪽에 불쑥이 내민 부분) 바로 위 볼록
튀어 나온 부분을 깊게 눌러 보세요. 바로 뼈가 만져 지나요?
아님 미끄덩미끄덩 하는 느낌이 드시나요? 대부분의 경우는
미끄덩거리거나 좀 단단하게 굳어 있는 피부 조직이 느껴질
겁니다. 이 부분이 바로 시작점입니다. 콧대가 시작하는 곳의
바로 옆입니다. 눈꼬리 옆에서 좀 단단한 느낌으로 굳어진
곳이 끝점입니다. 콧대 쪽은 부위가 좁아서 손가락끝부분을
이용하여 하는 것이 좋습니다. 호흡을 내쉬면서 내쉬는 호흡
에 꼬집듯이 시작점에서 끝점까지 반복합니다. 3회 정도 반
복합니다. 코가 막히셨던 분들도 코가 좀 시원해졌습니다. 코
에 관계된 근막이 풀리면 호흡이 더 편해진답니다.

코의 생김새에 따른 관상학적 해석

코가 큰 사람은 모든 일에 진실성이 있고, 맡은 일에 책임 감이 강하며, 상대방에 대한 사려가 깊다.

코가 작은 사람은 새로운 것에 개방적이며, 성격이 명랑하 다. 항상 애교가 많아서 서비스 업종에 잘 어울린다.

코가 높은 사람은 자존심이 강하다. 하는 일에 발전 욕구 가 강하고, 지위나 명예를 아주 중요시 여긴다.

코가 낮은 사람은 불필요한 겉치레나 허세가 전혀 없고, 매사에 현실적인 면이 많다.

코의 폭이 넓은 사람은 골격구조가 좋다. 성욕, 금욕, 식욕, 금전욕이 모두 강하다. 건강과 재력도 좋다.

코의 폭이 좁으면 골격 구조도 작다. 착하고 성실하며, 돈 에 집착하지 않는 성향이다. 그리고 호흡기, 소화기가 약하 고, 몸에 에너지가 약한 편이다. 코는 오감의 하나로 취각의 기능을 갖고 있지만, '코의 모양에 따라 사람의 운명이 바뀐다.'라고 혹자는 얘기하기도 한다.

코는 몸에서 보면 척추를 뜻한다. 코는 얼굴 전체에서 정중앙에 위치한다. 코가 휘어져 있으면, 척추도 휘어져 있다. 코는 흡입 기관이다. 코는 숨을 들이마시고, 내 쉰다. 코는 폐로 산소를 넣어주는 곳이다. 코는 이산화탄소를 내뿜는다. 즉 좋은 공기를 몸속으로 들여 보내주는 문이고, 몸속에 있는 탁한 공기나 독소를 배출시켜주는 중요한 곳이다.

우리 모두 감기에 걸려 코가 막혀 본 경험들이 있을 것이다. 이런 경우에 얼마나 답답한가. 콧대가 높고, 콧구멍이 크면, 들이마시고 내쉬는 호흡량이 많아진다. 수많은 사람들이 콧대 높이는 성형수술을 한다. 아마도 내 생각에는 코가 성형부분에서 가장 많이 차지하지 않을까 싶다. 콧대를 높인 고객의 방문이 있었다. 콧대는 높고 예뻐진 것 같은데, 비염이 있다고 했다. 성형수술로 콧대를 높였음에도 불구하고 비염기가 해소되지 않았다. 그 고객의 코의 형태는 콧대는 높았지만, 광대와 연결된 부분까지 코가 옆으로도 넓었다. 콧대를 굳이 세우지 않더라도, 옆으로 퍼진 코는 코의 옆 근막을 풀어주면, 현재의 코 보다 훨씬 코의 모양이 높아진다. 관리 후에는 비염기도 많이 좋아졌다고 했다.

안녕하세요. 오늘은 중간 점검을 하는 차원에서 사진을 찍었는데요. 사실 기대는 별로 안했습니다. 왜냐하면 제가 게으르게 관리도 잘 안 오고, 거울을 봐도 변화나 이런 것을 잘 못 느끼던 차였습니다. 그런데 oh my god! 관리 후에 목이 엄청 길어졌네요. 얼굴 라인도 정돈 되고. 제일 많이 보이는 건 코가 오뚝해졌네요. 코가 이렇게 바뀔 거라고는 예상을 전혀 못했어요. 그전의 사진을 보면, 코에 살도 많아 보이고, 뭉뚝해 보이는데, 오늘 찍은 사진에는 확실히 코가 날렵해 보여서 신기하네요. 마지막으로 찍을 사진이 기대 됩니다. 남은 회 차는 빼먹지 않고 꾸준히 와야겠어요.

집에서 실천하는 작은 얼굴 마사지법

눈, 코, 입이 예쁘다고 해서 '조화로운 인상을 갖는다.'라고는 보기가 어렵다. 얼굴은 오장의 상태가 드러나는 곳이라고 한다. 모나리자의 미소만 살펴봐도 그 뒤에는 44개의 얼굴 근육이 숨겨져 있다. 그만큼 얼굴에는 근육이 무수히 많고 신경도 다수 분포되어 있다.

얼굴근육은 크게 눈, 코, 입, 이마, 귀로 향하는 근육, 넓은 목근육의 다섯 가지로 나뉜다. 이중에서 얼굴 전체 크기를 관장하는 근육은 바로 귀로 향하는 근육, 넓은 목 근육 이다. 작은 얼굴을 위해서는 위 귓바퀴 근(상이개근), 앞 귓바퀴 근(전이개근), 뒤 귓바퀴 근(후이개근)이 연결된 근막을 풀어줘야 한다. 넓은 목근은 목의 얇은 근막인 쇄골뼈에서 아래턱 목의 얇은 근막인 흉쇄유돌근을 잇는 선을 풀어내는 것이다.

얼굴은 오장의 상태가 드러나는 곳인 만큼 좌우와 높낮이가 정 중앙선에서 반듯해야 보기가 좋다. 그래서 얼굴 근막을 풀어 얼굴 균형을 잡아준다. 이렇게 하기 위해서 집에서 간단하게 실천할 방법을 소개한다.

가장먼저 최대한 입을 크게 벌려 보자. 입을 크게 벌려 '아, 에, 이, 오, 우'하고 마치 노래할 때나 발성 연습할 때를 연상해 보면 된다. 굳이 소리를 낼 필요는 없다. 얼굴 근육을 최대한 많이 풀어 주려면 '아'를 할 때에도 입 모양이 최대한 크게 하면 된다. '에, 이, 오, 우'도 마찬가지 방법으로 하면 된다. 그 다음으로는 귀와 얼굴 사이의 피부 근막을 가운데 손가락을 이용하여 위아래로 문지르듯이 왔다가 갔다가 한다. 이때 강도는 부드러운 정도가 아니라 뼈가 아플 정도로 세게 왔다갔다 문질러야 한다. 주의 할 점은 피부의 찰과상이 입을 정도로 하면 안 된다. 피부표면 조직이 아니라 깊은 피부 근막을 만져가면서 실행한다. 매일 약 2~3분씩만 꾸준히 하는 습관을 들인다면 얼굴의 가로 길이가 줄어든다. 재미를 더하기 위해서 자신의 나이만큼 반복하는 것도 좋은 방법이다.

달걀을 먹으면 좋은 일이 생긴다?

백만 원짜리 고가의 화장품보다 더 효과 좋은 먹는 화장품이 있다. 언젠가 35세의 미혼 여성이 샵을 다니고 있었다. 그녀가 처음 샵에 방문했을 때에는, 77 사이즈의 조금 작은 키였다. 눈망울은 매우 또랑또랑한 눈빛이 예쁜 고객이었다. 똑

부러진 성격으로 보이는 눈빛이었다. 작은 키에 좀 통통해 보이는 첫인상에, 얼굴이 크고 턱 선이 없었다.

그 당시에 나는 '에그 캠페인' 중이었다. 나는 그녀에게 달걀을 매일 2개 이상 먹으라고 권했다. 샵에서 '에그 캠페인'을 했는데, 그녀도 동참하라고 권한 것이었다. 약 2년간 매일 달걀 두개 먹기를 꾸준히 실천한 결과, 얼굴이 탄력 생기고 뽀얗게 바뀌었다. 갓 따온 방울토마토처럼 피부가 탱탱하게 탄력이 생겼다. 물론 운동과 샵 관리를 병행하였다. 그녀는 치수가 77사이즈에서 55 사이즈로 변하였다. '에그 캠페인'을 실천한 건강한 다이어트는 단기간 무리하게 진행하는 것이 아니다. 장기적이고 꾸준하게 관리하는 다이어트를 위해 항상 샵에는 신선한 달걀을 삶아 놓고 있다. 고객의 표면적인 관리만이 아닌 고단백질 섭취를 도와준다면, 더욱 건강하고, 윤기 나는 건강한 몸매를 유지할 수 있다. 나는 실제 거의 20여년을 샵에서 '달걀노른자 먹기 운동'을 벌였다.

실제로 있었던 고객의 예이다. 50대 주부인 그 고객의 체형은 골격 자체도 약하고 전신 관리를 받으러 올 때마다 항상 많이 지쳐 있었다. 관리 후에도 항상 체력이 저하됨을 늘

호소하였다. 나는 오렌지 쥬스에 신선한 달걀노른자 3개를 띄워 아침 식사를 대신하였고, 저녁 역시 시간이 없을 때는 또 그렇게 하였다. 약 1년 정도 지난 시점에 그 고객이 내게 어떻게 더 건강해졌는지 물었다. 묻는 그 고객에게 내 방법을 알려 주었고, 그 고객 역시 하루에 계란 노른자 열 개 먹기 프로젝트로 돌입했다. 달걀흰자는 그냥 버리기 아깝다고 집안일 돕는 아주머니가 드시겠다고 했다. 그래서 그 고객은 노른자 10개를 먹었고, 일하는 아주머니는 흰자 10개를 먹었다. 일하는 아주머니는 작심삼일 만에 질려서 못 먹겠다고 그만 포기했다. 일하는 아주머니 대신 바통을 이어받은 집 밖에서 키우는 개가 흰자를 먹기 시작했다. 처음에는 좋다고 잘 먹었다고 한다. 그러나 역시 며칠이 지나고 나서 그 개 역시 흰자를 주면 피했더라고 하며 함께 웃었던 일이 생각난다. 10개 까지는 아니더라도 하루에 2~3개 정도는 도전해보자.

어찌 되었건 간에 일 년간을 고단백 섭취와 달걀의 프로젝트를 마친 결과 뼈가 튼튼해 졌다고 적극 칭찬과 함께 주변 사람들과 가족들에게 이 방법을 많이 권장 한다고 했다. 몸에 필요한 영양소 섭취가 얼마나 중요한지를 고객에게 인지

시키고 건강관리에 들어가면, 시너지로 그 몇 배의 효과를 볼 수 있었던 사례이었다. 달걀은 완전식품이다. 또한 조류의 알은 뼈를 튼튼하게 해두기 때문에 강력 추천한다.

Part
5

사랑스러운
애교살 만들기

BEAUTY

Point

꺼진 눈가, 눈밑 붓기 등으로
고민하고 있는 분들을 위한 파트입니다.

사 랑 스 러 운
애 교 살
만 들 기

#눈붓기 #애교살
#눈가관리

꺼진 눈가, 눈밑 붓기 등 눈가 고민이
고민이시라면 눈가의 혈액 순환을 돕는
근막 관리 시작해 보세요!

point ❶

눈꼬리 끝부분에 있는 뼈
부분이 포인트 관리
시작점입니다.

point ❷

눈물샘 부분이
끝점입니다.

point ❸

시작점부터 끝점까지
눈 아래쪽 안구뼈를 따라서
안구뼈 위에서 아래쪽으로
밀어내주세요.

TIP 고민정 엄지로 살짝 누른 채 무대 방향으로
밀어줍니다. 손가락이 닿지 않도록 주의해서
지그시 눌러줍니다.

눈 밑의 붓기를 빼주고,
눈가의 혈액순환을 도와
사랑스러운 애교살을 만들어 줍니다.

인스타그램 www.instagram.com/gomiga.official
유튜브 고민정 원장의 포인트 케어 클래스

사랑스러운
애교살 만들기

눈에 눈꼬리 끝부분을 지긋이 뼈가 만져질 때까지 눌러 봅니다. 뼈가 만져지면 그곳이 시작점입니다. 안쪽 눈 정중앙에서 손가락으로 지긋이 눌러 봅니다. 지긋이 눌러 보면 눈물샘이 만져 집니다. 그곳이 포인트 끝점입니다. 검지 손가락 끝부분으로 아래쪽 안구의 뼈를 만져 봅니다. 두둑두둑 걸리는 부분이 느껴집니다. 이곳을 턱 쪽으로 밀어주세요. 3회 정도 반복하면 꺼진 눈에도 효과가 좋습니다. 눈 아래 부종이 심할 때는 횟수를 조금 더 늘려주세요. 매일 실천하는 것이 중요합니다. 한 번에 많이 한다고 효과가 좋은 것이 아닙니다. 이때 피부에 마찰로 인해 상처가 나지 않게 조심하는 것도 중요합니다.

눈 부기, 애교 살, 눈가 관리

우리는 사랑하는 사람과 가장 먼저 눈으로 말한다. 서로 전기가 통한다는 것은 먼저 눈빛으로 교류한다는 것이다. 우리가 시장에서 생선을 고를 때, 생선의 눈이 싱싱하면 그 생선은 신선하다. 이것은 우리 어머니들의 지혜라고 볼 수 있다. 하물며 생선도 그러한데 사람은 더할 나위가 없이 눈이 중요하다. 사람의 눈은 마음의 창이라고 말한다. 우리의 눈은 눈빛만으로도 자신의 생각을 말한다. 우리의 눈은 절대 거짓말을 하지 못한다. 그 사람이 어떤 사람인지 알려면 그 사람의 눈을 보라고 했다. 상냥하고 다정한 사람인지, 성품이 악한 사람인지, 선한 사람인지가 모두 눈을 보면 알 수 있다. 눈은 '희로애락'의 순간의 감정들이 그대로 나타난다.

눈동자는 검은 동자가 진하고 흰자는 선명해야 한다. 눈동자가 진한 사람은 두뇌 판단력이 좋다고 한다. 눈동자를 감싸고 있는 눈 주변의 근육의 상태에 따라서 '눈이 피곤하다.', '눈이 부었다.', '눈이 맑지 않다.' 등 표현들을 한다. 눈동자를 감싸고 있는 눈 주변의 근육과 근막의 상태에 이상 신호가 온 것이다. 내가 너무 스트레스를 받았거나, 너무 육체적으로 피곤했거나, 육체와 정신이 과부하가 걸린 것이다. 물론 타고 난 유전인자를 바꿀 수는 없다. 그렇지만 생활 속에서 내가 무리해서 만들어진 문제와 고장 난 부분들은 내가 개선하고 고칠 수 있다. 방법을 알고 매일 실행하면 그 결과는 반드시 좋아진다.

관상학적으로 본 눈 이야기

큰 눈은 감수성이 예민하고 풍부하다. 큰 눈을 싫어하는 사람은 아무도 없을 것이다. 큰 눈망울은 보기에도 아주 매력적이다. 남녀 불문하고 모두 좋아한다. 이성간에서만이 아닌 어린아이와 노인까지도 해당된다. 큰 눈을 가진 사람은 모든 일에 정열적이다. 성격도 시원시원하고 밝다. 무드가 있고, 센티멘탈하며 성격도 솔직하다. 그래서 사람들이 모두 좋아한다.

물론 작은 눈도 장점이 많다. 작은 눈을 가진 사람은 냉철하고 신중한 성격의 소유자가 많다. 현실적이고 꼼꼼한 성향이 있다. 큰 눈을 가진 사람들보다 실속이 있다. 그렇지만 현

실적으로 큰 눈을 가진 사람보다는 매력이 덜해 보인다. 이
성적이고 냉철한 이미지인 반면에 감성코드가 부족해 보여
서 그런 것 같다.

눈 밑 뼈가 없는 부분에서 주머니같이 된 곳을 '누당(눈 밑
뼈가 없는 부분)'이라 말하고, '십이궁'에서는 '남녀 궁'이라고
말 한다. 눈 밑에 관계된 부분은 남녀의 성생활과 자식 운과
정력의 강약을 알 수 있는 곳이다. 눈 밑의 살이 통통하게 오
른 사람은 정력이 강하다고 한다. '누당'이 통통하고 탄력이
있으며 살집이 좋은 사람은 체력이 좋고 호르몬분비도 잘되
고 왕성하며 성기능이 발달되어 있다고 본다.

눈 밑 꺼풀의 살집이 3mm~3.5mm 폭의 살이 볼록하게 있
는 부분을 와잠(호르몬 탱크)이라고 한다. 이곳은 호르몬의 분
비와 성욕의 강약을 표현한다. 눈 아래 두꺼운 살집이 있으
면 성적 매력이 있다고 한다. 눈 아래 눈꺼풀에 두꺼운 살이
볼록하게 나와 있는 사람은 정력이 강하고 섹시하다. 이성에
게 인기가 많다. 이 부분이 특히 볼록하게 나와 있는 사람은
성욕이 강하고, 이성 관계가 복잡하다고 한다. 웃으면 눈 밑
꺼풀의 살집이 3mm 정도의 폭으로 탄력 있게 볼록 나와 있
는 사람은 성 호르몬의 분비가 좋아서 정력이 좋은 편이다.

눈 아래 눈꺼풀에 살집이 없으면, 정력이 약하다고 한다. 이 부분이 부풀어 있지 않고 꺼져 있지도 않으며, 탄력적이고 팽팽해서 피부의 색이 깨끗하면 정력이 강하다고 한다. 성호르몬 분비가 좋아서 성기능이 발달되어 있다. 성생활이 충실하고 건강하며, 자식 복이 있다.

왼쪽 눈이 오른쪽보다 큰 사람의 관상학적 성격은 우월감이 강하고 남을 이기려는 승부욕이 강한 편이다. 오른쪽 눈이 왼쪽 눈보다 큰 사람의 관상학적 성격은 사교성이 발달되었고, 남에게 호감을 주는 편이다. 튀어나온 눈의 경우는 관찰력이 좋고 치밀한 성향이 있다. 성격은 쾌활하다. 눈이 들어가 보이는 사람은 현실주의자가 많다. 경계심도 강한 편이다.

눈꺼풀이 부풀어 있는 형태의 사람은 말재주가 좋은 편이다. 이야기할 때 눈을 잘 감는 사람은 말에 진실이 없는 거짓말을 잘한다. 허언이 많은 편이다. 말을 할 때 눈을 밑으로 보는 사람은 조심성이 많다. 마음속의 생각과 다른 말을 하는 경우가 많다. 말을 할 때 눈을 위로 보는 사람은 방어적이며 우월감이 있다. 남의 의견을 잘 듣지 않는 편이다. 말을 할 때

눈동자를 많이 움직이는 사람은 허영심이 강한편이다. 성격이 소심하기도 하다. 눈망울이 윤기가 있고 촉촉이 젖어 있는 사람은 마음이 넓다. 타인에게 협조적이다. 여자의 경우는 이성을 좋아한다. 자신감이 충만하다.

눈이 얇고 가는 사람의 성향은 사교성이 부족한 편이다. 여성의 경우는 자기중심적이며, 자아가 강한 편이다. 그렇지만 순수함이 있다. 사고력도 냉정한 편이다.

눈꺼풀이 처져 있는 사람은 성격이 예민한 편이다. 정력도 약한 편이라 이성에게 관심도 덜하고 이성에게 인기가 없는 편이다.

이렇게 관상학적으로만 보아도 눈에 관한 이야기는 참 다양하다. 어떤 눈의 형태가 가장 좋다고는 말할 수 없다. 각자의 성향이 다를 뿐이다. 내가 가지고 있는 눈의 형태를 잘 파악하여 부족한 면을 채우면 더욱 매력적인 눈을 가질 수 있다. 나의 노력과 관리로 가능한 일이다.

'다크써클'은 요즘 현대인들의 가장 큰 고민이다. '다크써클'이 생기는 원인과 '다크써클' 예방 방법은 여러 가지가 있다. '다크써클'이란 말은 이제 누구에게나 익숙한 단어이며, 많은 젊은 사람들의 고민 중 하나이다. '다크써클'로 인해 칙칙한 인상이 되고, 나이가 들어 보이며, 남들에게 피곤해 보인다는 말을 듣는다. 미용상으로도 보기 좋지 않으며, 실제 몸이 피곤하다는 증거이다.

'다크써클' 대부분은 눈 밑에 검은 그림자가 생기거나 피부에 푸르스름한 색소 침착이 생기는 현상으로, 색소 침착과 피부 멜라닌 색소증가 또는 밤늦은 취침시간이나, 과로한 업무 모니터를 장시간 보는 일 등의 몸이 피곤할 때 나타나며, 눈 밑 잔주름의 원인이 된다.

'다크써클' 증상을 완화시키기 위한 여러 가지 방법이 있다. 그러나 눈은 우리 몸에서 가장 얇은 표피로 외부 자극에 민감하며 노화되기가 쉬우므로 강한 자극은 피하는 것이 좋다. '다크써클'이 생기는 분들의 고민을 조금이나마 덜어 주기 위해 '다크써클' 관리법에 대해 알려 드리려고 한다.

'다크써클' 관리에는 비타민이 풍부한 음식을 섭취하는 것이 가장 좋다. 비타민 K가 함유된 브로콜리, 상추, 시금치나 비타민A가 함유된 고추 등의 녹색 채소를 섭취하는 것이 좋다. 고추에 많이 포함되어 있는 비타민 A는 야맹증을 예방하는 효과가 있으며, 호흡기 질환에 대한 저항력을 높여 준다. 특히 비타민A와 비타민 E가 풍부한 연어는 혈액 순환을 도와 '다크써클' 증상에 도움이 된다. 뿐만 아니라 연어는 먹어서 섭취해도 좋지만 '다크써클'이 생긴 부위에 얹어 주면 더욱 효과적이다. 브로콜리에는 비타민, 미네랄, 식물성 섬유 등의 많은 영양소가 균형 있게 함유되어 있어, 피부 미용에도 좋은 것으로 알려져 있다. 특히 비타민 C, 베타카로틴 등 항산화물질이 풍부하여, 노화와 암, 심장병 등 성인병 예방에 효과적이다. 양배추는 세계적인 대표채소로 암을 막아주는 비타민 C가 많아서 주방의 비약이라고도 한다. 그 외에도 항 궤양성 비타민 U를 함유하고 있어, 손상된 세포조직을 보호해 주는 효과가 있다. 양배추를 꾸준히 먹으면 위의 점막이 보호되어 염증을 막아주고, 위궤양이나 위염을 개선하여 준다.

유전적으로 '다크써클'이 있는 경우와 수면 부족으로 피부가 약해지고 혈관이 지쳐 눈 밑의 침착이 생겼다면, 고단백 식품과 비타민 E를 꾸준히 섭취하고, 보습제를 충분히 발라주면, 약해진 피부를 건강하게 만들 수 있다. 몸의 전체적인 밸런스를 맞추어 혈액순환이 원활해지면 '다크써클'이 생기는 원인을 없앨 수 있다. 특히 기호식품인 술, 담배, 커피, 맵고 짠 음식의 섭취를 자제하면, '다크써클'의 원인을 줄이고 예방하는데 많은 도움이 된다. 충분한 수면과 스트레스를 받지 않고, 핸드폰이나 모니터를 장시간 보지 않으며, 잠깐씩이라도 눈을 쉬게 하여 눈의 피로를 풀어주는 것이 최선의 방법 이다.

결혼식을 3개월 앞두고 있는 29세 예비신부의 경우이다. 과도한 업무와 스트레스로 눈의 피로함을 느끼고, 과로하면 특히 눈두덩이가 많이 부어오른다고 했다. 계약서등의 중요 서류를 보는 업무를 하는 그녀는 정신을 집중하여 많은 서류를 보다보니, 더욱 다른 사람들에 비해 눈이 많이 붓고, 그래서 눈의 크기는 더욱 작아 보였다. 본인도 그 사실을 알기에 눈두덩의 부기를 빼달라고 요청을 하였고, 눈 아래 부분도 부어있었다. 친구들이 가지고 있는 애교 살이 부러웠다고 하는데, 정작 본인은 눈 아래도 애교 살 대신 부종으로 가득 차 있었다.

눈의 포인트 점을 가르쳐 주고 피곤할 때마다 포인트 점을 자극하는 방법을 배워서 실천하고 나니, 예전과는 많이 눈의 모양에 달라졌다. 본인도 놀랍다고 했다. 눈도 커지고 부러워 했던 친구의 애교 살도 생겨 요즘은 행복하다고 한다. 결혼식 때 예쁜 눈을 가진 신부가 될 자격이 충분하다고 칭찬해 드렸다. 업무로 쌓인 눈의 피로를 스스로 풀어내는 셀프케어 포인트를 실천한 대가이다.

샵에는 변호사, 교수, 작가, 의사, IT 업종 등 전문 직종에서 직업적으로 업무 특성상 몰입이 강하여 눈의 피로도가 많은 고객들이 상당수 관리를 받고 만족한 결과를 보여 왔다. '다크써클'이 심하고 눈이 쑤욱 꺼진 고객의 후기 글이다.

정말 오랜만에 사진을 찍어 확인 했는데, '다크써클'이 눈에 띄게 없어졌어요. 늘 눈 밑이 시커멓고, 광대가 심하게 나와서 눈이 쑥 꺼진 느낌이었는데 '새로 찍은 사진을 보니' 오늘 찍은 사진은 눈이 꺼져 보이지 않더라구요. 얼굴색도 많이 밝아지고, 광대는 워낙에 많이 나와 있었던지라 줄긴 했지만, 아직은 더 많이 줄어야겠어요. 앞으로 얼마나 더 변할지 기대가 됩니다.!!

Part
6

툰툰 붓고 힘없는
눈꺼풀을
생기있게 만들기

———— B E A U T Y ————

Point

늘 눈꺼풀이 붓고 힘없이 보여서
고민하고 있는 분들을 위한 파트입니다.

인스타그램 www.instagram.com/gomiga.official
유튜브 고민정 원장의 포인트 케어 클래스

Part 6 통통 붓고 힘없는 눈꺼풀을 생기 있게 만들기

퉁퉁 붓고 힘없는 눈꺼풀을
생기 있게 만들기

눈꼬리 부분을 만져 봐서 먼저 눈 안구의 뼈의 형태를 먼저 만져 봅니다. 눈꼬리 부분과 눈 안구 뼈가 만져 지는 부문을 교차하는 곳이 시작점입니다. 피부 표면이 아닌, 깊이로 느껴야 합니다. 눈썹 앞머리 쪽을 눈썹 뼈를 만진다고 생각하면서 깊게 눌러 봅니다. 뭉클뭉클, 미끄덩미끄덩 하는 부분이 손에 만져집니다. 그 부분이 끝점입니다.

눈꼬리 부분의 시작점에서 눈앞머리 부분의 끝점까지 눈썹모양을 보면서 눈썹 아래 뼈를 즉 안구 뼈 위쪽을 손으로 밀어 넣는 느낌으로 눈썹 앞머리 끝점까지 연결하여 꼬집듯이 깊게 들어 줍니다. 이곳 역시 처음에는 크게, 많이 피부를 잡아당긴다는 느낌으로 들어줍니다.

두 번째는 처음보다 절반정도의 강도로 촘촘하게 꼬집어 들어 줍니다. 세 번째는 피부 표면을 얇게 좁게 촘촘하게 '꼬집들기'를 합니다. 눈은 다른 부위보다 효과가 빠르게 나타납니다. 눈꺼풀이 또렷해짐을 느끼며 탄력도도 좋아 집니다. 부종이 조금 남아 있다면 시작점, 끝점만 3회 정도 더 자극해 주시면 됩니다.

눈꺼풀 관상학 이야기

눈꺼풀은 크게 분류하면 외꺼풀과 쌍꺼풀이 있다. 관상학적으로 보면, 외꺼풀은 소극적인 성격으로 분류한다. 하지만 관찰력, 집중력이 있고 냉정하고 이론적이다. 소극적인 성격으로 말수가 적고 신중, 소심하고 사려가 깊다. 고집도 있고 의지도 강하고 지속력이 있지만 질투심이 강하다.

쌍꺼풀은 적극적 성격으로 분류한다. 쌍꺼풀인 사람은 행동이 민첩하고 적극성이 있다고 한다. 직감적인 감각이 풍부하고 열정적인 성격으로 밝고 순응성, 협조성도 갖추고 있다. 또 색채나 미각이 뛰어나서 나름 멋져 보이고 사교성이 있다. 관상학적으로 접근해본 성격이고, 통계적으로 나온 성향이지만 염두에 둘 필요는 있다.

피곤하면 눈꺼풀이 풀린다고 한다. 눈꺼풀이 고민이라서 쌍꺼풀 수술도 한다. 눈이 좀 더 커보이게 하고 싶어서이다. 다른 사람들에게 똘똘한 인상을 주고 싶어서이기도 하다.

요즘 혹자들은 쌍꺼풀보다는 홑겹 눈이 대세라고 한다. 그만큼 개성시대인 것이다. 눈매가 깔끔하게 보이는 홑겹 눈은 참 매력적이다. 지금은 결혼하여 두 아이의 엄마가 된 어느 고객의 모습이 떠오른다. 처음 봤을 땐 평범한 얼굴이라고 생각했다. 눈썹 뼈가 유난히 두툼하였고 홑겹 눈을 가진 얼굴이었다. 얼굴 균형관리를 하고 전체 얼굴의 형태를 조화롭게 만들었다. 유난히 두툼하게 올라온 눈썹 뼈를 관리하고 나니까 쌍꺼풀이 없는 홑겹 눈인데도, 눈의 형태가 전체적으로 커졌다. 눈썹 뼈에서 굳어진 근막을 풀어내니 눈썹이 이마 쪽으로 올라가고 눈망울도 달라졌다. 원래의 소녀시절에는 그렇지 않았는데, 박사과정까지 밟는 동안 너무 많은 공

부를 하다 보니, 눈을 너무 혹사한 결과인 것으로 보인다. 눈
썹 뼈의 뭉친 근막을 포인트 점을 알려주고 집에서 꾸준히
관리를 병행하게 했다. 현재 두 아이의 엄마가 되어서 바쁜
하루하루 속에서도 포인트 점 관리를 계속하고 있는지, 아니
면 포기하고 아이들의 육아에만 집중하는지는 알 길이 없다.
계속 관리하고 있을 것으로 믿는다. 아래는 쌍꺼풀이 고민이
었던 고객들의 생생한 후기 글이다.

얼굴 비대칭이 고민이라 인터넷을 검색 하던 중 이곳을 알게
되었습니다. 처음에는 긴가민가했지만 원장님의 확신을 보
고 믿어보기로 했습니다. 페이스관리를 하는 중간에 짝짝이
눈썹이 맞춰지고, 얼굴 크기가 정말 눈에 띄게 작아졌습니
다. 주변에서 '무슨 좋은 일 있냐?'며 계속 예뻐진다고 얘기
를 듣는 수가 많아지고, 거울을 볼 때마다 저도 확실히 느꼈
습니다.

짝눈과 짝짝이 눈썹을 맞추느라 아침마다 화장이 고생이었는데, 이제는 민얼굴도 자신 있어요. 페이스 관리 후 어깨 비대칭도 맞추기 위해 상체 관리를 받았는데, 정말 아팠지만, 아픈 만큼 예뻐지는 곳이라고 생각하고 참았어요. 지금은 어깨 라인, 쇄골 라인이 너무 예뻐져서 살 빠졌냐는 얘기도 많이 듣습니다. 정말 마법이라 표현하고 싶어요.

너무 괜찮아요. 언니 따라와서 안면윤곽 4D 얼굴 받았는데, 너무 시원하고 신세계를 경험했습니다. 어쩜 그렇게 제가 평소 콤플렉스였던 곳을 콕! 집어 주시는지. 역시 전문가구나 했다니까요. 관리라는 게 처음이에요. 그냥 잘 씻고, 잘 바르는 게 다였는데, 관리라는 게 이런 거군요. 게으른 언니가 이렇게 이곳을 열심히 다닐 정도면 말 다한 거죠. 살이 쪄서 포동한 제 볼 살이 안면윤곽4D 관리를 받고 쭉 빠지고, 눈두덩이가 지방에 묻혀있었는데, 구해 주셨어요.

글로벌 진출한 작가 되다

자신을 작가라고 소개한 그녀는 하체부종이 심하고 밤새서 글을 쓰다 보니, 만성 어깨 통증에 스트레스가 심하다고 했다. 그녀는 매우 강단 있어 보이고 인상이 강해 보이는데다, 예민한 상태이기도 했다.

"어떻게 오셨어요?"라는 질문에

그녀는 작가답게 사람들이 직접 펜으로 쓴 모든 후기 글들을 읽어보았다며, 변화된 사례들과 그 글씨체에서 진정성이 느껴져 찾아왔다고 했다. 일단 하체부종 관리를 시작했는데, 그간 얼마나 스트레스 속에 살아왔는지 다른 사람들보다 훨씬 질겨서, 깊이 더 관리가 진행될 수가 없었다. 그럼에도 불구하고, 그녀는 깊고 깊게 해달라고 했다. 과정은 힘들었지만 시간이 갈수록 부종도 사라지고, 만성 소화불량이 사라지고 컨디션이 좋아졌다며, 제대로 된 관리를 받고 있다고 확신이 들은 것이다. 웬만한 사람들의 강도보다 더 깊게 들어갔는데도 비 오듯 땀을 쏟으며 눈물을 흘리면서도 그녀는 그 고통을 다 참아냈다. 나에 대한 신뢰가 확고해지자 그녀는 얼굴

관리를 받고 싶다고 했다. 어떤 사진을 보여주며,

"원장님, 저 이 여자 같은 인상으로 변화할 수 있을까요? 저는 글로벌로 진출하고 그에 맞는 글로벌 얼굴로 되고 싶어요. 만들어주세요."라며 주문을 외운다.

나에 대한 신뢰와 그녀가 변화하고자 하는 명확한 목표가 자리 잡고 있기 때문에 나올 수 있는 주문이다.

"작가님은 머리를 언제나 많이 쓰는 사람이니, 굉장히 생각보다 많이 아플 수 있어요"라고 말하자,

하체관리가 얼마나 아팠는지 알기에 잠시 멈칫 하더니,

"그래도 하체보다는 안 아프겠죠!"라고 말한다. 거기에 내가 매우 솔직하게,

"눈물 나도록 더 아플 수 있어요"라고 하자,

"제가 변화만 될 수 있다면 참을 겁니다. 그냥 얻어지는 게

있나요?"라고 한다.

역시 머리를 많이 쓰고 공부를 많이 했던 다른 고객들처럼 머리 양쪽 사이드와 광대 쪽에 이미 과부하가 걸려 있어서 매우 넓어져 있었다. 그 넓어진 만큼 줄이는데 포인트 관리는 더욱 깊게 들어갈 수밖에 없다. 침대에 깐 하얀 시트가 흥건히 땀으로 젖을 정도로 아픈 고통을, 그녀는 이를 악물고 참아냈다. 워낙 머리를 항상 쓰고, 쌓인 독소가 많아서 더욱 아팠을 텐데도 잘 참아내는 그녀를 볼 때마다, 나도 그녀가 정말 대단하다는 생각이 들었다. 바쁜 와중에도 시간을 쪼개서 꾸준히 관리를 받던 그녀가 어느 날 나에게 사진과 영상들을 보내왔다.

"원장님, 관리 받기 전에 찍은 영상들을 보니 지금 제 얼굴이 얼마나 바뀌었는지가 보여요. 진짜 원장님은 신의 손이십니다!"라며 보냈다.

그녀가 보낸 사진과 영상들을 보니 내가 봐도 완전 다른 사람이었다. 그녀는 요즘 만나는 사람들마다 놀라며 '너무 예뻐져서 몰라볼 뻔했다.', '무슨 좋은 일 있냐?', '대체 10년 전보다 더 어려지는 비결은 뭐냐?', '얼굴에 대체 무슨 짓을 한 것이냐?" 등의 질문을 받는다며 너무나 좋아했다. 다소 강해 보였던 인상이 점점 부드러운 인상으로 바뀌며, 주변 남자들이 데이트 신청을 하거나, 지하철에서 연락처를 물어보는 사람도 생겼다며, 지하철에서 대시 받아보기도 처음이라고 했다. 그리고 그녀의 목표대로 글로벌의 길도 열리기 시작했다. 중국에서의 길이 열리며, 유럽 쪽 진출의 기회가 열려서 책을 영어로 내려고 한다고 하였다. 그녀가 기뻐하는 모습을 보며 나 또한 내 일처럼 기뻤다.

Part
7

균형있는
눈썹라인 만들기

——— BEAUTY ———

Point

양쪽 눈썹의 높이가 달라 화장할 때
손이 많이 가서 고민하고 있는 분들을 위한 파트입니다.

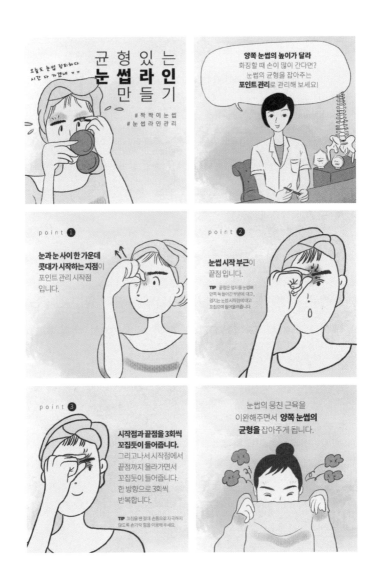

균형 있는
눈썹라인 만들기

화장을 할 때, 눈썹을 그리는 시간이 유난히 많이 걸리는 분들이 있습니다. 눈썹을 그렸다 지우고 또 다시 색칠해 보지만, 좌우가 짝짝이가 되고, 굵기도 다르고, 높이도 달라, 눈썹 그리는 일로 매일 아침이 바쁘게 됩니다.

'내 눈썹 뼈의 형태를 내가 만들어 보자'
'눈썹 뼈를 어떻게?', '수술 해야 하나?'
사실은 그렇지 않습니다. 근막을 조금만 움직여 줘도, 눈썹의 높이는 비슷하게 만들 수 있습니다.

가로로는 눈과 눈 사이 정중앙이고, 세로로는 콧대가 시작되는 곳과 교차되는 곳이 시작점입니다. 눈썹 앞머리 부분 눈썹이 안쪽에 굵게 난 부분이 끝점입니다.

눈썹을 드는 것이 아니라 눈썹 뼈를 만진다고 생각하면서 엄지와 검지 손가락으로 굵게 '꼬집들기'를 합니다. '꼬집들기'를 열어주고, 누르고, 밀어주면 됩니다.

관상학적으로 본 눈썹 이야기

눈썹은 눈을 보호하며 얼굴 전체의 윤곽을 뚜렷하게 해준다. 눈에 우산을 씌우듯 받쳐주는 역할을 한다. 눈썹의 가장 이상적인 길이는 눈의 폭보다 약간 긴 것이 좋은 눈썹이라고 한다. 눈썹이 잘 정리되어 있고, 생기가 돌아야 좋은 인상이라고 한다. 눈썹의 형태와 유연한 정도를 보고, 관상학에서는 그 사람의 품성과 성격, 미적 감각, 형제간의 관계 등을 본다. 눈썹은 마음이 어수선하면 신기하게도 눈썹이 흐트러지고, 마음이 평온하면 가지런히 잘 정돈되어 진다.

이상적인 눈썹의 조건은 눈썹 뼈가 높고, 눈썹의 선이 잘 이어져있으며, 부드럽고 윤기가 나면 좋다. 가끔 눈썹이 떨리는 경우를 경험한 적이 있을 것이다. 마음이 어수선하면 눈썹이 안정적이지 못하다. 눈썹은 '형제 궁'이라고도 한다. 형제와의 인연 관계를 나타낸다. 또 다른 말로는 '문장 궁'이라고도 한다. 말 그대로 글을 쓰는 능력, 예술적 재능이 눈썹에 나타나 있다.

눈썹의 털이 가지런하고 눈썹의 형태가 예쁘면 형제간의 사이가 좋다. 서로 우애가 깊다.

반대로 눈썹털이 너무 많거나, 너무 적거나, 너무 길거나, 너무 짧거나 하면 형제간의 사이가 별로 좋지 않다고 한다.

좋은 눈썹은 눈썹 머리에서 눈썹 꼬리까지 가지런히 정돈되어 있으면 좋은 눈썹이다. 이렇게 좋은 눈썹을 가진 사람은 미적 감각과 지성과 품성이 좋다. 총명하며 순수한 성향이다.

눈썹 꼬리에 긴 털이 나 있으면 장수한다고 한다.

머리를 많이 사용하면 할수록 눈썹은 아름다운 색깔을 띠고, 얇고 부드러운 형태로 바뀌어 간다.

눈썹이 두껍고 진한 사람은 몸을 사용하는 운동선수나 스포츠 등의 직업을 선택하는 것도 좋을듯하다.
눈썹이 중간에 끊어져 있는 사람은 독선적인 성향이 있다.

눈썹 색깔이 짙은 사람은 욕망이 강하다. 집착하는 성향이 있다. 자기감정을 잘 드러내지 않고, 이성적이고 강한 의지가 있다.

눈썹이 너무 길고 두껍고 짙은 사람은 품은 뜻이 높고, 마음이 넓은 사람이다. 그러나 너무나 신중하여 결단을 잘 못하는 경향이 있다.

눈썹이 열은 사람은 감정적인 성향이 많다. 인간관계가 좁은 편이고 친구도 적은편이다. 눈썹 숱이 거의 없는 사람은 고독한 성향이다.

눈썹이 긴 사람은 마음이 여유롭고 풍요롭다. 타인에 배려심도 많고 사회성이 좋다. 사려 깊은 성향으로 부모와 형제 간의 관계도 좋고 친구들과의 관계에서도 인기가 많다.

눈썹이 짧은 사람은 성격이 급한 편이고, 인내심이 부족한 편이다. 좀 이기적인 성향이다. 부모, 형제, 친구와의 관계에서도 외롭다.

눈썹이 곡선인 사람은 사고가 유연하다. 지식이 풍부하며 총명하고 지혜롭다. 성품 또한 원만하다. 직선인 눈썹을 가진 사람은 자아가 강한 편이다. 융통성이 부족하고 단순한 편이다.

눈썹 꼬리가 올라가 있는 사람은 적극적인 성향으로 지기를 싫어하는 편이다. 결단력이 있고 숫자에 강하다. 실천력 역시 좋다.

눈썹꼬리가 처진 사람은 다른 사람과 다투는 것을 싫어하는 편이다. 소극적인 성향이다. 사람들에게 편안함을 주어 인기가 많은 편이다.

일자 눈썹은 진중한 성격이다. 의지가 강하다. 결단력과 실천력이 있다. 두뇌회전이 빠르다. 공격적인 성향이 있다.

버드나무 잎 형태의 눈썹은 미적 감각이 있고, 지적이다. 글재주가 있다. 상냥하고 신뢰감이 있다. 인내심은 별로 없다. 표현력은 좋으나 생활력이 강하지 못하다.

초승달형의 눈썹은 순수하고 맑은 마음의 소유자이다. 상냥하고 감수성이 예민하다. 정이 많고 사교성도 좋다. 실천력은 좀 부족하다.

팔자 눈썹은 인성이 좋으며 총명한 성격이다. 분위기 메이커이고 처세에 능하다.

산 모양의 눈썹은 수완에 능하다. 정열적으로 일하는 타입으로, 금전적으로 어려움이 없는 편이다. 다른 사람의 말에 귀 기울이지 않는 편이다. 머리 회전력도 좋다.

삼각형의 눈썹은 에너지가 있다. 독립심이 있고 자존심도 강하다.

칼날 모양의 눈썹은 강인한 성향이 많다. 이기적인 성향이 있다. 인간관계에서 손해를 많이 본다.

청수한 눈썹은 맑고 뛰어난 눈썹을 말한다. 맑은 성격의 소유자이며 머리가 좋다. 수재형이다.

나한 눈썹은 눈썹 전체의 굵기가 같은 눈썹을 말한다. 성격이 온화하고 설득력이 좋다. 금전적인 집착이 없다. 문학예술, 미술 등에 재능이 있다.

지장 눈썹은 웃을 때의 눈썹 모습이다. 심성이 곱고 남을 배려하는 마음이 강하다.

흐트러진 눈썹은 돌발적인 면이 있고 경제적 능력이 부족하다.

중간에 끊어진 눈썹은 형제간의 우애가 별로 좋지 않다.
눈썹 꼬리부분은 금전 운을 말한다. 눈썹 꼬리 윗부분을 '복덕궁'이라고 한다. 재물을 쌓아 두는 창고이다. 이 부분을 살집이 두둑하게 만들면 재운이 좋다. 반대로 패어 있으면

재물이 나간다고 한다. 종류도 많고 해석도 많다. '우리는 과연 어떤 눈썹을 원하고 있는가?'

작은 얼굴 칼럼

사람들은 작은 얼굴에 열광한다. 연예인처럼 작은 얼굴을 동경하고, 그들과 닮아지고 싶어 하며, 어떻게 하면 주먹만 한 얼굴로 될 수 있을지 항상 고민한다. 얼굴 큰 것에 대한 콤플렉스를 아무에게도 말도 못하고 속앓이를 하다가 찾아온 그들은 하나같이 자기도 얼굴 작아 질 수 있냐고 물어 본다. '넓적한 제 얼굴 때문에 거울을 보기 싫을 정도로 스트레스가 심합니다.', '남자친구가 저보다 얼굴이 작아서 같이 사진 찍기도 싫습니다.', '죽기 전에 작은 얼굴 되는 것이 소원입니다.', '얼큰 이라는 별명에서 벗어나고 싶습니다.' 등 각자의 고민 속에 파묻혀 '얼굴만 작아질 수 있다면, 무엇이든 하겠다.'라는 심정이라고 했다.

타고날 때부터 얼굴의 크기가 커서 고민이 많은 이십대 후반의 고객의 이야기 이다. 그녀는 승무원을 목표로 준비 중이었는데, 타고난 어여쁜 미모였지만, 상대적으로 얼굴의 크기가 컸다. 눈, 코, 입 의 크기도 컸고, 얼굴 골격 그 자체가 컸다. 관리를 받은 후에 주변에서 보는 시선도 많이 달라졌다고 한다. 자신의 엄마도 얼굴이 달라진 것을 쉽게 알아보셨다고 했다. 자신의 변화된 얼굴을 보고, 또 보고, 다시 만져보며, 딱 지금처럼만 평생 유지되었으면 좋겠다고 환하게 웃던 모습이 눈에 선하다.

얼굴 크기를 줄이려면 가장 먼저 큰 통로를 먼저 열어준다. 모든 관리에서 기본은 시작점과 끝점을 먼저 열어준다. 계란형 얼굴 라인을 위해서는 브이라인 가는 길을 따라 턱선에서부터 귀 아래까지 '쭈쭈바'처럼 짜준다는 느낌으로 꼬집듯이 들어준다. 쌓였던 나쁜 것들이 빠져 나간다는 느낌으로 깊게 들어 올려주면 좋다. 깊게 잡으면 잡을수록 근막을 많이 들어 주는 것이다. 엉겨 붙어 있기 때문에 정리가 되도록 손으로 들어서 열어준다.

턱에서 귀까지 코에서 귀까지 쭉쭉 짜듯이 들어서 빼준다. 집에서도 누구나 쉽게 따라할 수 있다. 우리 샵의 특별한 점은 시작점과 끝점을 깊게 열어서 나갈 길을 만들어 준다는 것이다. 얼굴에도 길이 있다. 길을 알고, 길대로만 열어주면, 부종이 빠져 나간다. 그간 쌓인 과부하와 스트레스가 쌓여 있기에 그 지점을 제대로 건드려 주면 충분히 부종 없는 작은 얼굴을 스스로 유지할 수 있다. 아름다움의 기준 이 예전에는 무조건 작은 얼굴, 브이라인, 황금비율이 기준이었다면, 요즘 젊은 세대의 아름다움에 대한 기준은 조금씩 바뀌고 있는 듯하다. 타인이 바라보는 시선보다는 내가 느끼는 아름다움의 관점으로 자신만의 개성을 매력 포인트로 어필하고자 한다.

Part
8

볼록한
이마 만들기

BEAUTY

Point

튀어나온 미간이나 좁고 납작한 이마 때문에
고민하고 있는 분들을 위한 파트입니다.

볼록한 이마
만들기

\# 납작한 이마
\# 좁은 이마
\# 이마미인
\# 이마관리

이마랑
 깨끗이 조치
 아기 버벅하나요?
 깔끔!!

튀어나온 미간이나 좁고 납작한 이마가 고민인 분들을 위해 볼록한 이마 만드는 **포인트 관리** 방법을 공개합니다.

p o i n t ❶

눈과 눈 사이의 콧대 시작점(미간)이 포인트 관리 시작점입니다.

p o i n t ❷

헤어라인 부분이 끝점 입니다.

p o i n t ❸

시작점부터 헤어라인 부근의 끝점까지 **꼬집듯이 들어올리며** 올라갑니다. 한 방향으로만 **총 3번** 반복합니다.

TIP 차약을 쭉쭉 짜내듯이 길게 마사지해 주세요.

이마 뼈와 피부 사이의 **경직된 근막을 이완해** 주어서 자연스럽게 이마의 혈액순환을 돕게 되면 자연스럽게 **이마의 볼륨이 살아납니다.**

인스타그램 www.instagram.com/gomiga.official
유튜브 고민정 원장의 포인트 케어 클래스

볼록한
이마 만들기

눈과 눈 사이의 중앙, 콧대 에서 이마 정중앙까지가 교차 되는 곳이 시작점입니다. 이마 정중앙에서 수직으로 올라가 서 만나는 헤어라인이 끝점입니다. 시작점에서 헤어라인끝 점까지 한번에 잘 꼬집어 지지가 않습니다. 특히 머리를 많 이 쓰는 직업, 학생 의 경우는 더욱 단단하게 피부 조직이 굳어져 있습니다. 피부를 들어본다. 뼈와 분리시킨다는 생각 으로 피부에 '꼬집들기'를 합니다. 한 방향으로 3번을 반복 하고, 처음엔 굵게 하다가, 회차가 거듭되면 촘촘하게 '꼬집 들기'를 합니다. 부족하다고 생각이 들면 또다시 반족합니 다 한 번에 많이 하는 것보다 매일 꾸준히 하는 것이 중요합 니다.

관상학적으로 본 이마 이야기

이마는 너무 넓어도 고민이고, 좁아도 고민이다. 실제 어느 30대 고객의 예이다. 이마가 너무 넓어서 헤어라인에서 이마 쪽까지 머리를 심고 샵을 방문한 고객이다. 앞머리를 뒤로 넘겨보니, 머리를 심은 부분이 상당히 부자연스러웠다. 본인의 생각으로는 이마가 너무 넓다고 생각해서인지 이마에서 약 $\frac{1}{4}$ 정도 되는 부분까지를 시술 받았던 것으로 보였다. 그 것이 최선의 방법 이라고 생각했던 것이다.

대부분의 사람들은 이마의 형태는 바꿀 수 없다고 생각한다. 그러나 그렇지 않다. 너무 넓은 이마도 보통의 이마로 바꿀 수 있고 좁은 이마도 넓게 바꿀 수 있다. 얼굴의 형태와 크기는 그 사람의 살아온 환경 요인을 말해주기도 한다. 유전적인 원인으로 얼굴의 크기, 형태가 만들어 졌어도 생활환경으로 인해서 변형된다고 한다.

관상학에서는 이마는 '초년의 운'이라고 한다. 이마는 지식 창고이다. 그 사람의 기본 운을 보기도 한다. 그 사람의 지성, 지식, 지능과 가정환경을 통틀어 말한다. 관상학적으로 보면

'관록 궁'이라고 하여 부모나 윗사람이 도움을 줘서 얻을 수 있는 지위나 금전 운, 성공 운을 말한다. 이마의 부위를 정의하면 머리가 나 있는 부분에서 눈썹 바로 위 부분까지의 사이를 말한다. 가장 이상적인 이마의 크기는 본인의 손가락을 세 개 폈을 때의 넓이가 가장 좋다.

이마가 옆면으로 넓은 사람은 시야가 넓다고 한다. 반면에 이마의 옆면이 좁은 사람은 시야가 좁다.
이마가 세로로 넓은 사람은 즉 위에서 아래로 넓은 사람은 성격이 느긋하다. 세로로 좁은 사람은 성격이 급한 면이 있다.

이마가 너무 넓은 사람은 성적 욕구가 강하며 이기적인 면도 있지만, 다정다감하다. 이마가 너무 좁은 사람은 성격이 소심한 편이고 자기 억제 능력이 약하다.

좋은 이마의 정의는 넓고, 빛이 나고, 반듯하며, 굴곡이 없고, 잡티나 주름 상처, 점등이 없는 깨끗한 이마를 말한다. 이마 정 중앙에 튀어나온 뼈 부분에 조금 튀어나온 듯한 매끄러운 이마를 좋은 이마라고 한다. 좋은 이마는 총명함을 뜻

한다.

각이 진 이마는 성격이 밝고 적극적이다. 상황 판단력이
빠르고 실무 처리 능력이 뛰어나다. 이런 이마를 가진 여성
중에는 대부분 커리어 우먼으로 자아가 강하며, 총명하고, 실
행력이 크다.

원숭이형의 이마는 인내력이 강하고 순수하다. 원숭이형
의 이마를 가진 여성은 섬세하고 상냥하며 여성스럽다.

M자 이마는 발상이 창조적이다. 특징은 두뇌가 명석하며
집중력도 좋다. 독선적인 면도 있다. 대체적으로 체력이 좋
다. 스포츠 분야에 종사하는 사람이 많다.

튀어나온 이마는 지혜롭다. 활동적이다. 짱구라고 표현하
는 이마이다. 짱구이마는 개성이 강하고, 재능도 있고, 일 처
리를 지혜롭게 하는 능력이 있다. 사교성이 많아 인기가 많
다. 반면에 질투심이 많다.

가장 여성적 이마는 머리카락이 나 있는 부분이 둥근, 가

장 원하는 이마이다. 이 여성적 이마는 성실하고 노력가이다. 금전운도 좋다. 사람 됨됨이도 좋다. 그래서인지, 보기가 좋아서인지, 많은 사람들이 예쁜 이마를 원한다.

이번에는 디테일하게 이마를 삼등분 해보자! 머리카락이 나 있는 부분부터 상부, 중부, 하부 이렇게 나눈다. 상부가 발달되면, 추리력이 좋다. 예지력과 상상력, 반사 능력이 발달되어 있다. 좋고 나쁨의 판단을 하는 기관이기도 하다. 중부가 발달되어 있으면 기억력, 판단력이 좋다. 책임감이 강하며, 치밀한 성향이 있다. 출세할 성향이 강하다. 금전운도 좋다. 하부가 발달되면 천창이라 하여 직감력이 좋다. 관찰력이 있고 합리적인 성격이다.

얼굴과 종아리 관리 받았어요. 종아리 관리 받을 땐 아파서 눈물 날거 같았는데, 받고나니 훨씬 가벼워진 느낌! 얼굴 관리는 정말 신기하게 원장님 손이 스쳤을 뿐인데, 어머! 이마가 차올랐어요! 관리 모두 받으면 저도 '김태희'가 되는 건가요?

처음 사진과 오늘 끝난 후를 비교해보니, 인상은 물론 전체적으로 얼굴 라인과 분위기가 완전 달라졌습니다. 처음은 약간 사나워진 그런 표정이었지만, 관리 후 지금은 굉장히 부드러워지고, 나올 곳은 나오고, 들어갈 곳은 들어가고, 광대라인과 턱 라인, 이마가 눈에 띄게 예뻐졌다는 사실을 눈으로 보면서도 믿을 수가 없더라구요.

작은 얼굴은 착하다.
나는 착한 사람이므로 작은 얼굴로 향한다.
아무도 나를 막지 못한다.

매일 행복을 선택하라.

오늘 하루만 행복을 선택하자!
오늘 하루만 내 몸에 필요한 영양을 섭취 하자!
오늘 하루만 나의 뇌를 훈련시키자!
오늘 하루만 달콤한 숙면을 취하자!
오늘 하루만 내 얼굴 길이를 줄이자!

뇌가 젊어지면 내 몸도 젊어진다. 몸을 젊어지게 하는 데는 여러 가지 방법이 있다. 이중에서 뇌를 젊게 하는 방법도 효과가 높다. 내 몸을 건강하고 젊게 만들고 싶다면, 나의 뇌를 훈련시켜야 한다. 뇌가 똑똑해지면, 내 몸도 똑똑해진다고 볼 수 있다. 특히 뇌는 훈련시키는 만큼 똑똑해진다고 한다. 교육수준이 높을수록 뇌기능을 자극하는 활동에 더 많이 참여 할수록 노화는 늦추어진다. 고등학교까지 학습한 사람들 그룹보다 대학교까지 정규학습을 지속한 사람의 뇌는 2.5년이나 젊다고 한다. 뇌를 지속적으로 꾸준히 발전시키면 노화예방, 면역력이 좋아지고, 1~3년 정도 젊어진다는 통계도 있다. 젊은 뇌세포를 유지하려면 무엇보다 균형 잡힌 식사, 규칙적인 생활과 함께 적절한 스트레스, 휴식이 기본이다.

뇌를 좋아지게 하는 식품으로는 견과류, 푸른 생선, 푸른 잎 야채, 신선도 높은 야채 등이 있다. 뇌를 지속적으로 좋게 하려면 스낵 종류나 패스트푸드 등의 섭취를 가급적 줄이고 튀김 같은 트랜스 지방이 높은 음식은 꼭 피해야 한다, 또한 뇌를 좋아지게 하려면 여행이나 산책을 통해 기분 전환을 자주 하는 것이 좋다.

뇌세포를 젊게 유지 하려면 우선은 긍정적인 사고가 중요하다. 스트레스를 줄임으로써 뇌 젊음을 유지할 수 있다. 스트레스를 줄이는 방법은 웃음과 명상이다. 웃음은 1~7년을 젊어지게 할 수 있다고 한다. 명상은 뇌세포를 유지시켜, 불안감이나 우울한 기분을 편하게 해준다. 그리고 자신을 이해해 주는 마음이 편한 사람을 자주 만나도록 하여, 나의 기분을 행복하게 만들어 주는 것도 중요하다. 이런 방법들로 뇌가 젊어지면 함께 내 몸도 젊어진다. 이런 이유로 뇌를 좋게 만드는 전문 관리가 요즘은 많이 생기고 있다.

뇌를 좋게 하는 전문 관리 중에 두피 근막 관리가 있다. 이는 두피에 직접적인 자극을 주어 혈액 순환을 개선시키고, 모공 속에 쌓여 있는 노폐물과 공해물질을 배출시켜 영양 공급도 원활하게 해 준다. 특히 신진대사가 원활해지고 머리가 맑고 상쾌해진다. 두피근막관리는 두개골의 접합 점을 바르게 만들어 주는 형태로 뇌를 이완하는 방법이다. 생각 이완과 뇌 건강에 좋은 영양공급과 피부표면에서 직접 실행하는 두피 근막 관리를 겸한다면 금상첨화이다.

새로운 탄생을 준비하는 중요한 시간에 투자하라. 잠을 잔다는 것에 대하여 우리가 가지고 있는 일반적인 생각은 어떤 것일까? 많은 사람들이 잠자는 시간을 자기의 인생에서 그냥 버려지는 아까운 시간쯤으로 생각하고 있는 것 같다. 그렇다면, 정말 잠자는 시간은 우리 인생에서 버려지고 마는 아까운 시간일 뿐일까? 이런 생각은 잘못된 생각이라고 말하고 싶다. 우리의 몸에 잠이라는 것은 그냥 버려지는 시간이 아니다. 새로운 탄생을 준비하는 아주 중요한 시간이다. 우리의 몸은 일생동안 살아가는데 필요한 그 모든 것을 한꺼번에 갖추어 놓고 필요할 때마다 조금씩 꺼내어 쓸 수 있도록 만들어진 것이 아니라, 하루를 기준으로 수지균형을 맞추어 가면서 살아가게끔 만들어져 있다. 즉, 우리 몸은 오늘 하루를 활동하는데 필요한 에너지는 오늘 섭취한 음식으로 충당하게끔 되어 있고, 오늘 자야할 수면의 양도 정해 져 있어, 오늘 필요한 만큼 자야하는 것이다. 오늘 하루를 살며 내 몸 안에 생긴 여러 가지 문제점들은, 내일이 오기 전에 다 해결해 놓게끔 만들어져 있다. 이것이 이루어지는 때가 바로 잠자는 수면 시간이 된다.

우리가 잠을 자는 동안에도 우리 몸속에서는 실로 엄청난 일들이 행해지고 있다. 우리 몸속에서 하루에 30~40개 이상의 암세포가 생긴다. 이렇게 생성된 암세포를 제거해 주는 시간이 바로 이 수면 시간인 것이다. 이런 일들이 원활하게 진행될 수 있도록 우리 몸속에서 생성되는 면역 억제 물질인 '코티솔'의 분비량도 밤중에는 최소 상태가 된다. '코티솔'의 분비가 낮에는 많고, 밤에는 상대적으로 적어지기 때문에 통증이나 발열 등이 밤에 훨씬 많이 발생 되는 것이다. 그뿐만이 아니다. 낮 동안의 활동으로 우리 몸 안에 생겨난 피로 물질이나 우리 건강에 해를 끼칠 수 있는 제반 요소들을 제거해 주는 시간도 바로 이 수면 시간인 것이다. 따라서 우리가 숙면을 취하게 되면, 그동안 이 모든 것들이 전부 다 깨끗하게 정리 된다. 잠에서 깨어난 순간부터 또다시 상쾌하게 새로운 하루를 시작할 수 있는 것이다. 이렇게 하루하루를 반복한다면, 우리는 언제나 매일 새롭게 태어나는 것이다.

Part
9

옆으로 넓은
이마를
작고 갸름하게
만들기

──── BEAUTY ────

옆통수 넓어서, 이마가 가로로 넓어서
고민하고 있는 분들을 위한 파트입니다.

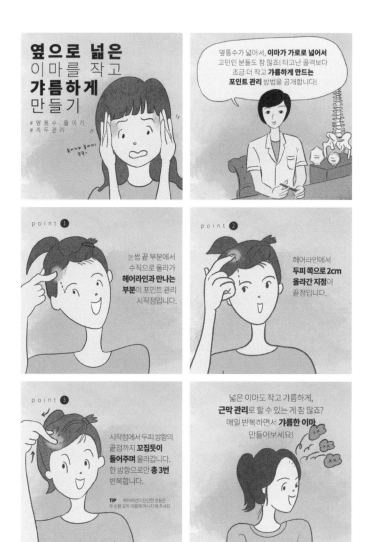

인스타그램 www.instagram.com/gomiga.official
유튜브 고민정 원장의 포인트 케어 클래스

옆으로 넓은 이마를
작고 갸름하게 만들기

눈썹 끝부분에서 수직으로 올라간 헤어라인이 시작점입니다. 머리카락이 난 부분 1cm 까지 진행하면 더욱 효과가 좋습니다. 헤어라인에서 두피 쪽으로 2cm 들어간 곳이 끝점입니다. 시작점에서 끝점까지를 두피의 뼈를 손가락에 느끼면서 시작점에서 끝점까지 굵고 깊게 꼬집듯이 두피 피부를 들어줍니다. 3회 정도 반복하고 나면 머릿속까지 시원해지면서 이마에 쌓여있던 부종이 빠져 나갑니다.

생각하는 대로 말하는 대로

수많은 사람들의 얼굴과 몸을 빚어내며, 그 결과가 놀랍도록 빨리 나오는 사람과 상대적으로 느리게 나오는 사람들의 차이점을 발견했다. 결과가 놀랍도록 빨리 나오는 사람들은 생각 그 자체가 완전히 달랐다. 생각이란 것은 형체가 눈에 보이지는 않지만, 그런 사람들은 관리를 받으러 오기 전부터 명확한 목표가 있었고, 자신이 할 수 있을 것이라는 기대감이 있는 사람들이었다. 상담을 할 때 말하는 말투부터 달랐고, 긍정적인 방향만을 바라보았다. 보이지 않는 모든 생각들이 자신감과 확신의 에너지를 뿜어내고 있었다.

어떤 사람은 하루 종일 열심히 일만하고, 매사에 매우 양심적이고, 마음이 천사처럼 착하지만, 안타깝게도 삶이 불행하고 가난하다. 반면에 어떤 사람은 그렇게 열심히 일하는 것 같지 않아 보이는데, 하는 일마다 성공하고 경제적으로 풍족할 뿐만 아니라, 어디에서든 자신감과 확신을 내뿜으며 살고 있다. 마치 신에게 선택받은 자들처럼 느껴질 만큼 자신감에 차 있다. 그 둘의 차이점은 도대체 무엇일까? 나는 각각의 사람들을 보면서 그들에게 보이지 않는 생각의 힘이 있고, 그에 따라 결과에도 엄청나게 영향을 끼치고 있다는 사실을 관리를 통해 더욱 느끼게 되었다.

'나는 반드시 부자가 되겠다.', '나는 반드시 승진하겠다.', '나는 내 사업을 성공하겠다.', '나는 모두에게 매력적인 사람이 되겠다.' 등 모든 사람들은 인생에서 지금보다 더 나은 결과를 얻고 싶어 하고, 더 잘 살고 싶어 한다. 조금 더 행복해지고, 조금 더 건강해지고, 조금 더 예뻐지고, 조금 더 어려 보이고 싶어 한다. 그래서 부단히 애를 쓰며 노력하면서 보이는 행동을 바꾸고자 하지만, 결과는 바뀌지 않고 힘만 빠지게 된다. 그런데 인생에서 보이는 결과를 바꾸고자 한다면, 원인을 바꾸어야 그에 따른 결과도 바뀐다. 다른 말로 하면, 탐스럽게 달려있는 열매가 달라지길 바란다면, 우선 그 나무에 뿌리가 달라져야 한다. 우리가 땅에 사과 씨를 심으면, 사과열매가 열리는 것은 극히 당연한 자연의 이치이다. 그러나 대부분의 사람들은 보이는 사과열매가 마음에 들지 않아서, 그 사과를 포도로 바꾸기 위해, 땅속이 아닌 밖에서 사과나무에 포도를 붙이려고 노력하고 있는 격이다. 그 근본적인 원인이며 눈에 보이지 않는 땅속의 씨앗을 바꾸어 주어야 포도열매가 열리는데 말이다. 그러니 아무리 노력해도 잘 안되고 힘든 것이다. 보톡스를 맞고, 칼로 째서 도려내고, 피부 표면을 아무리 관리해도 근본 원인을 바꿔주지 않으면, 결과는 지속되지 않는다. 그 원인을 제대로 찾지 않으니, 올바른

답이 안 나오는 것은 당연한 이치이다.

보이는 것보다 보이지 않는 것의 힘이 훨씬 더 강력하다. 보이지 않는 땅 속의 사과 씨앗이 보이는 땅 위의 사과열매를 창조한다. '우리에게 그 원인이 되는 뿌리는 무엇일까?' 외적인 것을 바꾸는 방법은 오직 하나, 우리 내부에서 돌아가는 우리의 내적인 세계를 바꿔야 한다. 그 원인은 바로 생각이다. 관리를 받는 고객들도 생각이 확고하고 원하는 상태가 뚜렷한 사람들은, 내가 생각했던 것보다 더욱 빨리 원하는 것을 이뤄냈고, 자신의 일에 있어서도 승승장구해 나갔다. 몸이 망가져 있든 얼굴이 많이 틀어져 있든 그것은 지금 현재에 보이는 결과일 뿐이다. 나의 인생에 나타나는 결과를 이제부터 정말 바꾸고 싶다면, 바로 지금부터 나의 생각을 바꿔야 한다. 그 생각을 바꾸고, 원인을 바꿔주는 관리가 함께 조화롭게 진행 되었을 때, 그 결과는 눈부시게 빠른 속도로 나타나기 시작했다.

'사람은 생각하는 대로 된다.'라는 말이 흔하게 쓰이긴 하지만, 이 말은 아주 오랜 진리 중 진리인 말이다. 성공한 사람들의 사례를 오랫동안 연구한 사람들의 결론은 단 하나였다.

10억을 번 가게 주인도, 1,000억을 번 재벌들도, 이들은 모두 진정으로 생각하는 사람들이었고, 긍정적인 생각을 품고 있었던 사람들이었다. 성공한 사람들은 인생의 어두운 면보다, 밝고 풍요로운 면을 보고자 했으며, 자신의 내면세계를 긍정적으로 이용할 줄 아는 사람들이었다. 행복과 성공을 원한다면, 자신의 내면을 명확하고 밝게 그릴 줄 알아야 한다. 자신이 원하는 행복한 모습을 생생하게 떠올릴 수 있어야 한다. 즉, '좋은 생각을 품고 있는 사람은 자신에게 좋은 일들을 끌어당기고, 걱정, 의심, 두려움, 질투 등 나쁜 생각을 품고 있는 사람은 나쁜 일을 끌어당긴다.'는 간단한 진리인 것이다.

우리 모두는 부모를 선택해서 태어날 수 없다. 내가 가난하게 태어난 것, 선천적으로 내가 가지고 태어난 것은 내가 선택할 수 없었던 것이다. 마찬가지로 키나 몸의 구조, 얼굴 형태 등도 내가 선택할 수 없었던 것이다. 그러나 대다수의 사람들이 바꿀 수 없는 현실을 보고 가슴을 치며 한탄해 한다. 금 숟가락 물고 태어난 몇몇을 질투하며, 수많은 변명으로 허송세월을 보내기도 한다. 자신은 왜 이리 못나게 태어났냐며, 부모님의 유전자를 탓하기도 한다. 나 또한 젊은 날 여드름 때문에 고생도 많이 했고, 작은 가슴에 하체 비만인데다, 허리가 길고, 정말 싫어하는 체형을 가지고 있었기에, 그 마음을 누구보다도 잘 이해한다.

지금 우리가 처한 현실은 바꿀 수 없지만, 나의 생각은 충분히 바꿀 수 있다. 내 안에 잠재되어 있는 무한한 가능성을 발견하고, 그것을 사용하고 단련시켜서 모든 상황을 바꿀 수 있는 능력을 우리 모두는 가지고 있다. 지금 내가 처한 현실은 가난하지만 마음속에서 '나는 행복한 부자가 되겠어!'라고 선택한다면, 우리는 부자가 될 것이요. 비빌 언덕이 많은 친구들을 부러워하며 변명 속에 한탄하며 살아간다면, 이전과 같이 계속 가난해질 것이다. 내가 어떤 생각을 선택하느냐에 따라 내 삶이 바뀐다는 사실, 그리고 내 몸도 바뀔 수 있다는 사실을 나는 살면서 스스로 알게 되었다. 그리고 우리 에스테틱에 오는 고객들을 보며 자신의 생각에 따라 얼마나 더 빠르게 기적처럼 변화할 수 있는지도 지난 35년간 여러 번 보아왔다.

이렇게 이 몸으로 태어났으니 받아들이고, 매일 불평하며 사는 삶과 내가 이 몸으로 태어났음에도 불구하고, 내가 원하는 건강한 몸을 그리고 제대로 된 관리를 받으며 하루하루 주체적으로 성장해 가는 삶이 있다. 그 생각과 결심에 따라 인생도 몸도 완전히 다른 방향으로 틀어질 것이다. 나는 우리 에스테틱에 오는 고객들이 모두 내 인생이라는 영화에서 주인공으로 살아갈 가치 있는 사람으로 스스로를 봐주고 대해주기를 바란다. 그런데 신기하게도 내 생각대로 그런 고객들이 시간이 갈수록 더욱 많아져 시간이 갈수록 내 일을 더욱 사랑하게 된다. 내 부모도, 내 형제도, 내 남편도, 내 부인도, 내 자식도 내 인생을 대신 살아주지 않는다. 바로 '나'라는 사람이 내 인생의 주인공임을 기억했으면 좋겠다. 우리 고객들과 이 책을 읽는 독자 분들 모두 인생의 주인공으로 나아가시기를 응원한다!

가난하게 태어난 것은 당신의 잘못이 아니지만,
가난하게 죽는 것은 당신 책임이다.

_빌 게이츠

Part
10

강남 미인에서
자연 미인으로

— BEAUTY —

강남 미인에서
자연 미인으로

여자의 얼굴과 몸을 다루는 샵을 운영한 지도 벌써 35년이라는 세월이 흐른 만큼, '미인'이라는 말에 대한 생각도 많이 바뀌었다. 나는 처음에 '강남 미인'이란 말의 말뜻이 실제로 '강남에 살고 있는 미인'인줄로만 알았었다. 그러나 드라마 '내 아이디는 강남 미인'을 보고나서, 그제야 '강남 미인'의 정확한 뜻을 알게 되었다. 이 드라마는 웹툰 만화 '내 아이디는 강남 미인'을 드라마로 만들었다고 한다. 평소에 내가 좋아하는 배우 임수향이 그 드라마의 주인공으로 나왔다.

그 드라마에서 여자 주인공인 '미래'는 어릴 적부터 남들에 비해 부족한 외모 때문에 친구들에게 많은 놀림을 받았었다. 그래서 대학을 합격하고 나서 '미래'는 얼굴을 성형하기로 결심한다. 자신이 생각하기에 성형이 아주 성공적이어서 엄청 예쁘다고 생각한 '미래'는 대학 생활이 너무 행복할 것이라고 미루어 짐작했다. 그러나 막상 대학교에 들어가서 보니, 학교 친구들은 그녀 뒤에서 '성형 괴물'이라고 '미래'의 흉을 보고 다녔다. 사실 그녀는 아무런 잘못이 없었다. 남들보다 못 생기게 태어난 것은 '미래'의 잘못이 아니기 때문이다. 또한 자신의 미운 외모를 극복하기 위해 성형 수술로 예뻐지려는 노력도 결코 '미래'의 잘못은 아닐 것이다. 이 드라마를 보고 나서 나는 여러 가지 많은 생각이 들었다.

외모가 부족한 사람들에 대한 다른 사람들의 나쁜 편견, 예뻐지고 싶은 욕망과 예뻐지고 나서, 그 후에 드는 그녀들의 소박한 자신감. '어느 누가 그녀들을 탓할 수 있을까?' 우리는 서로 다름을 인정해야 한다고 생각한다. 누구나 인간으로 태어나서 서로 존중 받아야 하는 소중한 인격체이다. 나는 성형을 반대하지 않는다. 누구나 자신감과 자존감의 회복에 성형이 꼭 필요하다면, 성형 수술은 결코 나쁘지 않다고 생각한다.

사람이 사람을 좋아하는 것의 성향은 굉장히 다양하다. 어떤 사람은 눈이 크고, 코가 오똑한 이런 외형적인 모습을 좋아하는 경우가 있고, 어떤 사람은 그 사람의 내면의 깊이와 따뜻함, 교양들로 다져진 매력에 반하는 사람들도 있다. 사람들은 서로 제 각기 다르기에, 각자의 모습을 인정해 주어야 한다고 생각한다.

그렇지만 성형이 잘못되거나 반복된 성형의 부작용 또는 어색함으로 인조적인 모습이 되는 것은 반드시 주의를 기울여 피해야 할 것이다. 우리는 서로가 만나 교류할 때, 얼굴 안면 근육의 방향에 따라 서로의 감정을 알 수가 있다. 그런데 성형의 부작용으로 얼굴 근육이 굳어 있는 경우를 볼 때가 있다. 그리고 누가 봐도 부자연스런 얼굴들도 생각보다 많다. 나는 그런 그녀들을 볼 때마다 참으로 안타까운 마음이었다. 되도록 반복되는 성형수술은 피하고, 꼭 필요한 부분은 성형을 하면서, 자연요법도 병행하여 얼굴 근육과 피부를 자연스럽게 만드는데 노력하길 바란다.

과거 20여 년 전 까지만 해도 성형은 특별한 사람들, 즉 연예인이나 모델처럼 조금 특별한 사람들이 하는 것이었다. 그러나 지금은 성형에 대한 인식이 완전히 달라졌다. 고등학생들도 수능시험이 끝나면 쌍꺼풀 수술, 코 높임 수술, 광대뼈나 턱 수술 등을 부모로 부터 선물로 받는다고 한다. 이제 수험생들의 최대 목표는 합격이 되었고, 최대 관심사는 성형이 되어 버렸다. 대학 입학 전에 얼굴을 리모델링하는 것이, 이젠 흔히 하는 보통 일이 된 것이다. 그러다 보니 필러나 보톡스는 누구나 기본적으로 하는 것이라고 인식이 되었다. 이제 누구나 쉽게 자주 보톡스를 맞는다. 예전에 비해 손쉽고, 비용적인 면에서도 접근 가능한 수준이기에 이용하는 사람들이 더욱 많아졌다. 성형을 살짝 하거나 보톡스나 필러를 가끔 하다 보니, 습관이 되어버린 경우도 종종 본다.

성형 수술 후에 얼굴 근육의 표정이 자연스럽게 움직여 줘야 하는데, 얼굴이 무표정하고 자연스럽지 못해서 샵을 방문하는 고객들도 많이 늘고 있었다. 자신의 콤플렉스를 딛고 일어서는 유일한 방법이 성형이라면, 그것 또한 우리는 선택할 수 있다. 그리고 성형 후에 부자연스러움을 최소화 할 수 있고, 원래의 내 얼굴인 것처럼 자연스럽게 만들 수 있다면 더욱 더 좋을 것이다.

얼마 전에 어려서 얼굴이 무척 예뻤지만, 이미 너무 많은 성형으로 중독이 되어버린 안타까운 20대 고객의 방문이 있었다. 그녀는 성형을 하지 않았어도 어려서부터 원래 예쁜 얼굴이었다고 한다. 원래 예뻤었던 얼굴이 반복된 성형수술, 보톡스, 필러 시술로 인해 자신도 모르는 사이에 얼굴이 부자연스럽게 되어 있었다. 그녀는 지금도 조금씩 성형을 하고, 보톡스와 필러 주사를 맞는다. 하지만 전과 달라진 점은 이제 샵에서 전문 관리도 받고, 가이드에 따라 집에서의 관리도 열심히 한다. 이제는 예전보다 얼굴이 많이 자연스러워졌다. 그녀는 앞으로도 성형을 쉽게 포기하지는 않을 것 같다. 충분히 그녀의 마음을 이해 할 수 있다. 하지만 모든 것을 수술로만 해결 하려는 것은 걱정이 된다. 마약, 술, 담배, 커피도 항상 과한 것이 문제가 된다. 성형은 더 말할 것도 없을 것이다. 나는 더 이상 그녀들에게 더 깊은 상처가 남지 않기를 간절히 바랄 뿐이다.

콧대가 낮아서 콧대를 살짝 올렸다.

그랬더니 눈꼬리가 내려가 보였다.
그래서 눈꼬리를 살짝 올렸다.
그랬더니 눈 앞트임이 답답해 보였다.

그래서 눈 앞트임을 했다.

그랬더니 광대가 너무 커 보인다.

그래서 광대 축소술을 했다.

그랬더니 사각턱이 커 보인다.

그래서 사각턱을 돌려 깎기 했다.

그랬더니 처음 콧대를 너무 낮게 한 것이 후회가 되었다.

그래서 콧대를 좀 더 높게 재수술을 받았다.

그래서 했더니, 그래서 '했더니'가 반복이 되었다.

중독이 계속 했을 때 결과가 점차 나빠지는 것이라면, 습관은 계속 했을 때 결과가 점차 좋아지는 것이다. 자연스러운 얼굴을 만드는 좋은 습관을 내가 스스로 만들어야한다. 그것도 매일 매일 수시로 습관이 될 때까지 노력해야 한다. 영어 공부 하듯이, 음악 공부 하듯이, 운동 하듯이, 그렇게 스스로 생각하지 않고도 자연스럽게 몸에 배여 습관으로 익힌다면, 우리는 모두 '자연 미인'으로 바뀔 수 있다.

어떤 일이든지 단번에 만족할 수 없다는 뜻의 '첫술에 배부르랴?'라는 속담이 있죠. 그러나 첫술에도 배부를 수 있습니다. 저는 에스테틱에 오기 전에 다른 피부과에서 관리를 받았습니다. 관리가 모두 끝난 후에 이런 생각이 들었습니다. '차라리 이 돈으로 어려운 사람들이나 도울 걸.'

성형 없이 얼굴을 작게 만들어 준다는 곳은 다 찾아가 상담을 받아 봤습니다. 사실 이곳도 상담만 받아 봐야겠다고 생각했는데, 원장님의 넘치는 자신감에 혹해서 관리 받게 됐어요. 태어나서 이런 고통은 처음이었습니다. 베드 위에 속옷 하나 걸치지 않고, 고통에 눈물 흘리면 누워 있을 때는 "아. 내가 지금 뭐하고 있는 짓인가?" 생각했다가,
샤워 후 거울을 보면 '히히히' 이래서 관리 받는구나 싶었습니다. 제가 전주에서 관리 받으려고 왔다고 하니까. 원장님께서 더 신경 써 주셔서 하루하루가 다르게 작아지고 있답니다.

성형하자니 너무 무섭고, 인조적일 것 같고, 그렇다고 예뻐

지고 싶은 건 포기할 수 없는 저는 안면윤곽 4D 관리를 무작
정 끊어 놓고, 불안한 마음으로 관리를 받았습니다. 어떻게
이렇게 바로 결과가 보이냐고 하니까, 실장님께서 친절히 설
명해 주시길, 일반관리가 아닌 근막을 다루는 관리라서 그
렇다고 하더군요. 다시 제자리로 돌아오는 시간도 느리다고
하네요. 진짜 제 얼굴과 몸이 예뻐지게 되는 것이니, 믿을 만
한 게 당연하죠.

광대 때문에 거울을 보거나 셀카 찍을 때마다 한숨뿐이었는
데, 얼굴 관리 받고 사진으로 비교해보니, 인상이 너무 달라
져서 놀랐어요. 전신관리도 받았는데, 전과 비교해 보니 요
가 200번 한 거 같은 효과를 보았네요. 의심병환자라 관리
받으면서도 반신반의 했는데, 원장님을 믿고, 아픔을 참은
보람이 있네요. 이 샵이 뉴욕 지점, 보스톤 지점도 생기길
바랄 뿐입니다. 원장님, 선생님들 너무 감사해요. 봄에 또
올께요.

관리는 항상 꾸준히 받아 왔었어요. 이런 관리라고는 생각은
안하고 그냥 수술은 하는 게 싫어서 온 거였는데, 기대 이상

의 효과에 놀라고 갑니다. 아프긴 하지만 왠지 이제는 시원한 느낌이라고 할까요? 비대칭 얼굴이 잡히는 모습을 보니 더욱더 욕심이 나네요. 요즘은 워낙 성형이 보편화 되다보니 성형이 필수, 강요된 느낌 이였는데, 성형 없이 미인이 될 수 있다는 점이 참 좋은 것 같아요.

Part
11

머리
아플 때 하는
5분 지압법

— B E A U T Y —

○◉ **많은 집중력을 요하는 업무로 인한 두통**

집중과 몰입을 해야 하는 일들은 두뇌의 과다 사용을 필요로 한다. 많은 집중력을 요하는 일은 앞쪽 이마에 주로 통증을 유발한다. 앞이마 중앙 쪽으로 통증이 온다. 앞이마 중앙(전두동) 통증 완화에 효과가 좋은 근막 관리 방법이다.

1_ 포인트 시작점은 눈썹과 눈썹사이의 정중앙 지점이다.

2_ 포인트 끝점은 이마와 헤어라인이 연결되어 만나는 지점이다.

3_ 한손으로 손을 뒤통수에 받힌다.

4_ 도구의 좁은 면을 이용하여 반대쪽 받힌 손바닥 쪽을 향하여 열어준다.

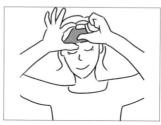

5_ 반대쪽 손바닥을 3cm 위로 위치 를 옮긴다.

6_ 포인트 시작점에서 포인트 끝점 까지의 구간을 3등분한다.

7_ 도구를 이용하여 포인트 시작점 에서 3분의 1구간을 열어준다.

8_ 3분의 2구간을 열어준다. 역시나 호흡법이 중요하다. 숨을 들이 마 셨다가 내쉬는 숨에 동작을 실시 한다.

9_ 3분의 3구간을 열어준다. 포인트 시작점에서 포인트 끝점까지를 선을 그어서 연결한다고 생각한 다. 3회를 반복하여 실행한다.

○◉ 뒷골 당기는 후두골 통증의 근막 관리

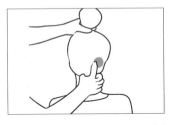

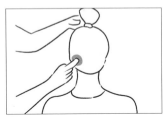

1_ 포인트 시작점이다. 뒤통수 헤어라인 끝 부분에서 1cm 정도 올라간 위치이다.

2_ 포인트 시작점이다. 반대쪽 헤어라인 1cm 위쪽의 점이다.

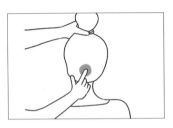

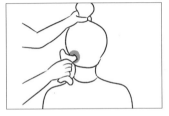

3_ 포인트 끝점이다. 포인트 시작점 1번과 2번의 중간 위치에서 삼각형을 그리는 위치이다. 뼈가 툭 튀어나온 부분이다.

4_ 도구를 이용하여 1번과 2번 포인트 점을 열어준다. 목에서 머리통의 연결된 부분을 따로 분리시킨다고 생각한다.

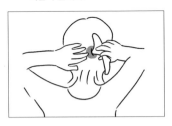

5_ 정중앙 자리를 열어준다.(경락상으로 옥침혈이다.)

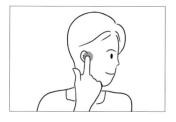

1_ 포인트 시작점이다. 귀바퀴 안쪽 시작하는 위치이다.

2_ 포인트 끝점이다. 측두에서 가장 볼록하게 솟아 있거나 부어 있는 곳이다.

3_ 도구를 이용하여 시작점을 열어준다. 이때 도구의 방향은 2번 포인트 끝점을 향한다.

4_ 포인트 끝점을 도구를 이용하여 열어준다. 도구의 방향은 1번 포인트 시작점을 향한다.

5_ 시작점에서 끝점까지 선을 연결하여서 3등분 한다.

6_ 3분의 1구간을 먼저 도구를 이용하여 3분의 2구간으로 올라가면서 열어준다.

7_ 3분의 3구간이다.

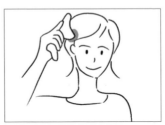

8_ 3분의 2구간이다. 3분의 3구간까지 연결하여 열어준다.

9_ 3분의 3구간이다.

10_ 마지막 포인트 끝점까지 연결하여 열어준다.

○◉ 원인도 이유도 모르게 머리 전체가 묵직한 경우

1_ 포인트 시작점을 정확히 찾는 방법이다. 코의 정 중앙에서 머리 쪽까지 올라간다. 이 지점을 한 손가락으로 잡고 있다.

2_ 귀를 접어서 가장 높은 꼭지 점에서 머리 위쪽으로 올라가 반대쪽 손으로 집은 위치와 만나는 점이다.

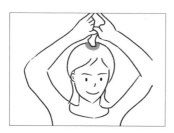

3_ 도구를 이용하여 포인트 시작점(경락상 백회)을 열어준다. 이때 방향은 발쪽(바닥 쪽)을 향한다. 호흡법이 중요하다. 숨을 들이마셨다가 내쉬는 숨에 도구가 용수철처럼 발바닥 쪽으로 들어간다고 생각한다.

4_ 포인트 시작점에서 헤어라인 정중앙 점을 같은 방법으로 열어준다. 호흡법은 3번에서 이어서 오른쪽으로 3회 돌려준다. 좌우를 살짝 밀어보면서 돌린다.

5_ 포인트 시작점에서 포인트 끝점까지 3등분한다. 3분의 1구간을 도구를 이용하여 내쉬는 호흡에 이마 쪽 방향으로 열어준다.

6_ 3분의 2 구간을 열어준다.

7_ 3분의 3구간을 열어준다.

8_ 포인트 시작점에 포인트 끝점까지 3회 왕복해서 선을 그린다.

Part
12

언택트
하이 셀프케어

BEAUTY

○◉ 얼굴 가로 크기 줄이기

1_ 얼굴을 옆으로 돌린다. 귀 윗부분과 얼굴이 만나는 점이 시작점(a)이다.

2_ 귀 안쪽 아래 부분과 턱이 연결된 부분이 끝점(b)이다.

3_ 포인트 끝점(b)에서부터 꼬집듯이 피부를 들어 귀 바깥쪽 방향으로 밀어준다.

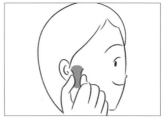

4_ 3번의 동작을 귀의 중간 부분까지 반복한다. 귀 중간 부위를 조금 더 깊게 피부를 많이 꼬집듯이 들어 3회 흔든다.

5_ 피부 위에 천을 대고 3~4번의 동작을 3회 반복한다. 이때 꼬집은 상태에서 연결 동작이 끊어지지 않고 이어져야 효과가 좋다.

○◉ 이중 턱 아래 겹치는 두 턱 없애기

1_ 턱 중앙에서 고개를 들어 턱 끝에서 내려와 목이 시작하는 지점(a)이 시작점이다.

2_ 고개를 45도 돌려 귀 아래에서 2cm 내려온 지점(b)이 끝점이다.

3_ 턱 아래에서 피부를 들어 꼬집어서 시작점(a)을 3회 정도 들어준다.

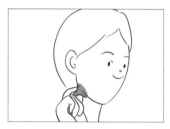

4_ 45도로 고개를 돌린 후에 끝점(b)을 피부를 들어 꼬집어서 끝점(b)을 3회 정도 들어준다.

5_ 턱을 들어 턱 끝에서 내려와 목 시작점과 만나는 부위를 꼬집어서 피부를 들어준다.

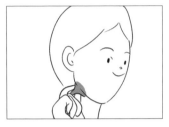 

6_ ②에서 출발하여 귀 쪽 방향으로 옆으로 피부를 들어 꼬집을 실시 진행한다. 턱을 들은 상태에서 사각턱 아래 턱살 부위의 피부를 깊게 들어준다.

7_ ③~⑦까지 동작을 천을 대고 3회 반복한다.

①에서 약 1cm 옆으로 피부를 꼬집어서 들어준다. 위의 연결선에서 다시 한 번 경직된 부분을 체크해 보자. 사각턱 아래 부분을 천을 대고 꼬집을 실시하는 모습이다. 사각턱 아래쪽에서 귀 위쪽 방향으로 천을 대고 피부를 꼬집듯이 들어가며 연결한다. 위의 과정을 천을 대고 차례대로 진행한다.

○◉ 아랫입술 밑 모인 턱 풀기

1_ 아랫입술 중앙에서 만져보면 쏙 들 어간 부분이 시작점(a)이다.

2_ 귀에서 광대 쪽으로 2cm 정도 들어 온 지점끝점(b)이다.

3_ 아랫입술 중앙에서 턱 선까지 피부 를 엄지와 검지로 턱 중앙 방향으로 피부를 들어 모아준다. 시작점((a)을 3회 정도 풀어준다.

4_ ②의 끝점(b)을 3회 이상 피부를 꼬 집듯이 들어준다.

5_ ①의 시작점(a)이 풀렸으면 바로 옆 의 턱 라인을 꼬집어서 들어준다. 양손을 이용하여 엄지는 그림과 같 이 턱 아래 부분 쪽으로 검지는 아 래턱뼈를 받쳐 놓고 꼬집어서 들어 준다.

6_ 약 1cm 정도 옆으로 사각턱아래 사
선방향까지 꼬집어서 피부를 들어
준다.

7_ (a)의 턱 중앙의 시작점의 위치를 3
회 이상 천을 대고 피부를 들어본다.

8_ 다음 옆 방향으로 연결하여 이동한
다.

○◉ 표정주름 없애기

1_ 표정주름 시작점(a)이다.

2_ 표정주름 끝점(b)이다.

3_ 표정주름 시작점(a)을 '입술 산' 방향
으로 피부를 들어 꼬집을 실행한다.

4_ ③에서 약 1cm 내려온 지점을 역시
'입술 산' 방향으로 꼬집을 실시한다.

5_ ②의 표정주름 끝점(b)을 그림과 같
이 양손으로 엄지는 턱 아래쪽으로
검지는 아래턱뼈를 지탱하며 꼬집
을 실시한다.

6_ ①번 (a)의 표정주름 시작점을 천을 대고 꼬집어서 피부를 들어준다.

7_ ②번 (b)를 천을 대고 꼬집어서 피 부를 들어준다.

8_ 표정주름 시작점(a)과 끝점(b)을 연 결하여 꼬집들기를 한다.

○◉ 위 입술 입술산 또렷하게 만들기

1_ 시작점(a)이다.

2_ 끝점(b)이다. '입술 산' 정 중앙이다.

3_ 반대쪽 입술꼬리 부분이다.

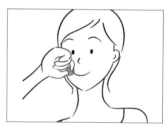

4_ 위 입술을 그림의 방향으로 피부를 들어 꼬집어서 들어준다. 이때 입술 경계선을 정확히 잡아주는 것이 중요하다.

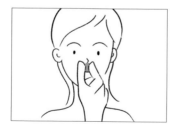

5_ '입술 산'이 풀렸으면 입술 위의 피부를 들어보자. 같은 방법으로 꼬집어서 들어준다.

6_ '입술 산' 중앙선을 정확하게 꼬집듯
이 들어 보자. 이때 횟수는 3회 정
도 반복한다.

7_ 반대쪽 '입술 산'도 세로의 방향으로
피부를 들어 꼬집어서 들어준다.

8_ 윗입술 시작점위에 천을 대고 ④의
동작을 실행한다.

9_ 윗입술 끝점(b)이다. '입술 산' 정중
앙이다.

10_ ⑥의 방법을 천을 대고 실행한다.

11_ '입술 산' 정 중앙에서 반대쪽으로 꼬집을 실행한다.

12_ ⑩에서 연결하여 입술 꼬리까지 꼬집을 진행한다.

13_ 반대쪽 윗입술 꼬리부분까지 진행한다.

○◉ 말린 아랫입술 도톰하게 만들기. 섹시입술 도톰 입술

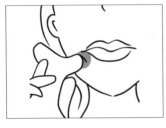

1_ 아랫입술 끝부분이 시작점(a)이다.

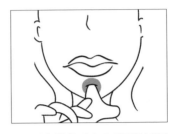

2_ 아랫입술을 따라 턱 정중앙이 끝점 (b)이다.

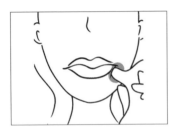

3_ 반대쪽 입술 시작점(c)이다.

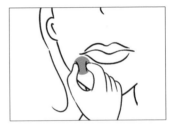

4_ ①의 시작점(a)을 턱 아래 중앙부분의 방향으로 꼬집어서 피부를 들어준다.

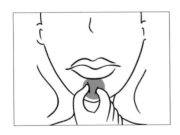

5_ 아래 입술 정중앙부분 끝점(b)을 엄지와 검지로 피부를 들어 모아준다.

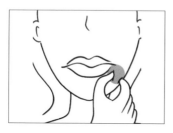

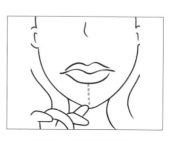

6_ 반대쪽 아래 입술 끝(c)을 역시 턱 중앙 쪽으로 꼬집어서 피부를 들어 준다.

7_ 아래 입술 선에서 중앙선을 체크해 본다.

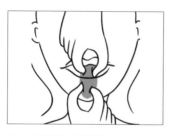

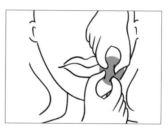

8_ 아래 입술 중앙선을 양손으로 엄지 와 검지가 만나게 세로 방향으로 피 부를 들어준다.

9_ 아랫입술의 끝부분을 피부를 들어 준다.

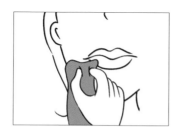

10_ ④의 동작을 피부위에 천을 대고 실 행한다.

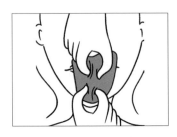 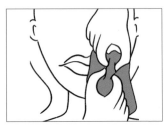

11_ ⑧의 동작을 피부위에 천을 대고 실
행한다.

12_ ⑨의 동작을 피부위에 천을 대고 실
행한다.

1_ 콧방울 바로 밑이 인중선의 시작점 (a)이다.

2_ 윗입술선 중앙에서 옴폭 파인 곳이 인중선 만들기의 끝점(b)이다.

3_ 반대쪽 인중선 만들기 시작점(c)이다.

4_ ①의 시작점(a)을 엄지와 검지를 이용하여 세로로 깊게 '꼬집들기'를 한다. 이때 효과적인 방법은 처음에는 굵게 들었다가 점점 얇게 들어주면 더욱 효과적이다.

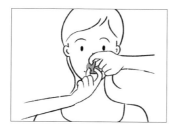

5_ ②의 끝점(b)을 그림의 모양처럼 양손으로 깊게 '꼬집들기'를 한다. 이 부분은 예민하고 통증도 많은 부위이다. 천천히 심호흡을 하면서 호흡을 들이마셨다가 내쉬는 호흡에 '꼬집들기'를 한다.

6_ ③의 시작점(c)이다. 피부를 얇게 '꼬집들기'를 3회 정도 반복한다.

7_ ④의 동작을 피부위에 천을 대고 3회 정도 실행한다.

8_ ⑤의 동작을 피부위에 천을 대고 실행한다.

9_ ⑥의 동작을 피부위에 천을 대고 실행한다.

○◉ 예쁜 콧방울 만들기

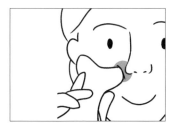

1_ 콧방울 아래쪽과 표정 주름이 만나는 점이 시작점(a)이다.

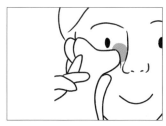

2_ 콧방울의 가장 윗부분과 표정 주름이 만나는 점이 끝점(b)이다.

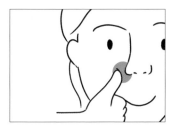

3_ ①의 시작점(a)을 코뼈안쪽으로 엄지손가락안쪽 측면부분을 이용하여 깊숙이 밀어준다. 여기서는 '꼬집들기'가 아니다.

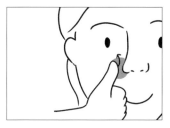

4_ 시작점에서 눈 쪽 방향으로 엄지손가락의 내 측면을 이용하여 깊숙이 밀어준다.

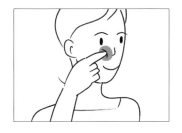

5_ ②의 끝점(b)을 코뼈 안쪽으로 깊숙이 밀어준다.

6_ ③의 동작을 피부위에 천을 대고 실
시한다.

7_ ⑤의 동작을 피부위에 천을 대고 실
행한다.

1_ 인중선과 코중격 아래선이 만나는 점이 시작점(a)이다.

2_ 시작점을 피부위에 천을 대고 엄지와 검지로 인중 윗부분까지 '꼬집들기'를 3회 정도 한다.

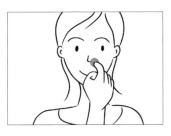

3_ 콧방울 바로 아래가 코중격의 끝점 (b)이다.

4_ 코중격 끝점을 콧방울 방향으로 '꼬집들기'를 3회 정도 실행한다.

○◉ 앞면 말린 턱 펴기

1_ 얼굴 앞면에서 턱 라인 끝부분이 시작점(a)이다.

2_ 아래 입술 중앙과 앞면 턱이 올라간 부분의 경계선 중앙 부분이 끝점(b)이다.

3_ 반대쪽 앞면 턱 부분이 시작점(c)이다.

4_ ①의 앞면 턱 말린 부분 시작점(a)을 엄지와 검지를 이용하여 짜내듯이 아래턱 쪽으로 밀어낸다. 포인트점을 3회 정도 반복하여 진행한다.

5_ ②의 앞면 턱 말린 부분(b)의 가장 두둑하게 올라온 부분을 양손을 이용하여 턱 아래쪽으로 3회 정도 밀어낸다.

6_ ③의 반대쪽 앞면 턱 말린 부분의 시작점(c)을 목 쪽을 향해 피부를 들어 쭉쭉 짜내듯이 밀어낸다. 이때 횟수는 3회 정도 반복하여 진행한다.

7_ ④의 과정을 턱 위에 천을 대고 진행한다.

8_ ⑤의 동작을 중앙 턱 위에 천을 대고 진행한다.

9_ ⑥의 동작을 피부위에 천을 대고 진행한다.

○◉ 얼굴 세로 길이 줄이기(광대부위가 넓은 사람)

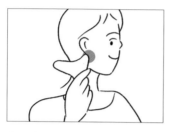

1_ 안쪽 귀의 가장 아랫부분의 쏙 들어
간 부분이 시작점(a)이다.

2_ 귀와 얼굴의 경계선에서 가장 높은
점이 끝점(b)이다. 엄지로 만져봐서
경계선의 움푹 파인 곳을 찾는다.

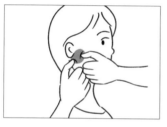

3_ ①의 시작점(a)을 양손 엄지를 이용
하여 귀와 분리시킨다는 생각으로
코중앙 방향으로 밀어낸다.

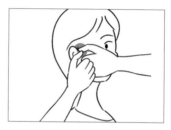

4_ ②의 끝점(b)을 얼굴측면과 귀를 분
리시킨다는 생각으로 눈쪽방향으로
밀어낸다.

5_ ③의 동작을 천을 대고 진행한다.

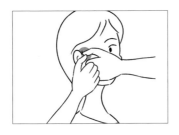

6_ ④의 동작을 전을 대고 진행한다.

○◉ 눈 밑 처짐 다크서클 눈두덩이 잘 붓는 경우

1_ 아래 눈꼬리와 안구 뼈가 만나는 점이 시작점(a)이다.

2_ 눈 아래 앞쪽끝부분과 안쪽 안구 뼈가 만나는 부위가 끝점(b)이다.

3_ 눈의 정중앙 1/2 지점과 안구 뼈 중앙 이 만나는 점(c)이다

4_ ①의 시작점(a)을 엄지와 검지를 이용하여 살짝 피부 표면을 얇게 '꼬집들기'를 한다.

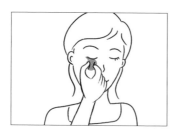

5_ ③의 시작점(c)인 눈 밑 중앙부분을 살짝 '꼬집들기'를 한다.

6_ ①의 눈꼬리와 안구 뼈가 만나는 시
작점(a)을 '꼬집들기'를 진행한다.
이때 주의 사항은 얇게 살짝 반복하
는 것이 좋다.

7_ ④의 동작을 눈 밑에 천을 대고 실
행한다.

8_ ⑤의 동작을 눈 밑 피부에 대고 실
행한다.

9_ ⑥의 동작을 눈 밑에 천을 대고 실
행한다.

○◉ 처진 눈 올리기(두상에서)

1_ 눈꼬리에서 옆으로 헤어라인의 경계선이 만나는 점이 시작점(a)이다.

2_ 눈썹꼬리 끝부분에서 헤어라인까지 이어지는 경계선이 끝점(b)이다.

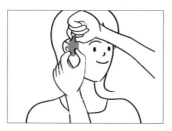

3_ ①의 시작점(a)을 사진과 같이 측면 사선의 방향으로 '꼬집들기'를 한다.

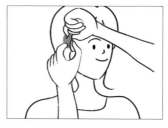

4_ 헤어라인에서 약 1cm 들어간 곳까지 이어서 가자.

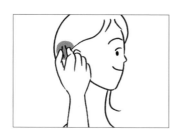

5_ ④의 동작을 실행하고도 뭉친 부분이 느껴진다면 연결하여 2~3cm까지 '꼬집들기'를 한다.

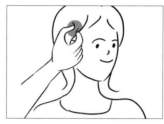

6_ ②의 끝점(b)을 먼저 얇게 '꼬집들기'를 3회 정도 한다.

7_ ⑥의 동작에서 헤어라인을 지나 머릿속 1cm 까지 '꼬집들기'를 한다.

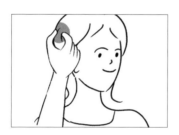

8_ ⑦의 동작을 진행하면서도 뭉친 부분이 손끝에 느껴진다면 2~3cm 정도까지 더 두피 속까지 풀어준다.

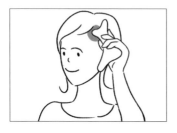

1_ 두상에서 M자 이마의 라인이 시작
점(a)이다.

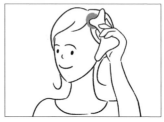

2_ M자 이마에서 헤어라인을 지나 두
피의 약 1cm 지점이 끝점(b)이다.

3_ 시작점(a)을 천을 대고 피부를 꼬집
어서 들어준다.

4_ 끝점(b)을 피부를 꼬집어서 들어준
다.

5_ 반복하여 잘 안 풀린 부분까지 풀어
보자.

○◉ 앞이마 예뻐지기

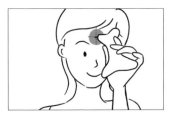

1_ 앞이마 정중앙 부분이 시작점(ⓐ)이다.

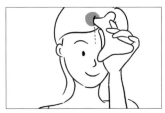

2_ 이마 정중앙에서 헤어라인 1cm 두 피속이 끝점(ⓑ)이다.

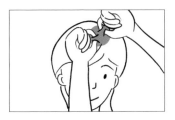

3_ 양손의 엄지와 검지를 이용하여 ②의 포인트 끝점을 '꼬집들기'로 들어 준다.

4_ 양손의 엄지와 검지의 방향은 가운데 중앙선을 바라보게 한다. ③번에서 꼬집들기를 시작점까지 연결하여 줄어준다. 이때 굵게 듬성듬성 꼬집들기를 한다.

5_ ④의 진행을 조금더 정교하게 꼬집들기를 한다.

6_ 마지막으로 촘촘하고 좁게 피부조직을 들어 꼬집들기를 진행한다.

1_ 고개를 약 15도 정도 옆으로 돌려서 귀밑 1cm아래 사선 방향이 시작점 (a)이다.

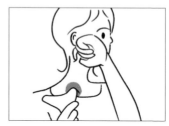

2_ 그림처럼 근육의 방향을 양손으로 들어본다. 쇄골경계선 연결된 지점 이 끝점(b)이다.

3_ 시작점(a)의 위치를 양손으로 잡고 피부를 들어준다.

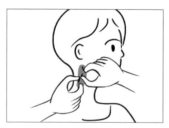

4_ 같은 부위를 조금 더 얇게 섬세하게 피부를 '꼬집들기'를 한다.

5_ 조금씩 아래 방향으로 동작을 연결 시킨다.

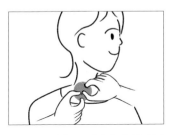

6_ 쇄골 만나는 부위의 끝점(b)을 들어
준다.

7_ 피부에 천을 대고 ③의 시작점(a)을
3회 이상 들어준다.

8_ ⑦의 동작을 연결시킨다.

9_ ⑧의 동작을 연결시킨다.

10_ ⑨에서 ⑥의 끝점(b)까지 반복하여
꼬집어서 피부를 들어준다.

'고미가' 30년 프로젝트 홈 셀프케어
죽기 전에 작은 얼굴이 소원입니다

초판 2쇄 2024년 1월 13일

지은이 고민정
펴낸이 김용환
펴낸곳 캐스팅북스
디자인 별을 잡는 그물

등록 2018년 4월 16일
주소 서울시 강서구 양천로 71길 54 101-201
전화 010-5445-7699
팩스 0303-3130-5324
메일 76draguy@naver.com

ISBN 979-11-965621-4-4 13590

• 책값은 뒤표지에 있습니다.
• 잘못된 책은 구입처에서 바꿔 드립니다.
• 이 도서의 국립중앙도서관 출판예정도서목록(CIP)은 서지정보유통지원시스템 홈페이지(http://
  seoji.nl.go.kr)와 국가자료종합목록 구축시스템(http://kolis-net.nl.go.kr)에서 이용하실 수 있습니다.